大模型导论

张成文◎编著

人民邮电出版社
北京

图书在版编目（ＣＩＰ）数据

大模型导论 / 张成文编著. -- 北京 ：人民邮电出
版社，2024.7
ISBN 978-7-115-63798-7

Ⅰ. ①大… Ⅱ. ①张… Ⅲ. ①人工智能 Ⅳ.
①TP18

中国国家版本馆CIP数据核字(2024)第041359号

内 容 提 要

本书主要介绍了大模型的发展与演变、相关技术、应用场景、未来发展趋势和前景。本书首先回顾了大模型技术的起源和发展历程，然后介绍了数据预处理、Transformer、预训练与微调、模型推理和 PyTorch 框架等技术。此外，本书还通过具体的案例和实践展示了如何应用大模型技术来解决实际问题。本书旨在帮助读者全面了解大模型技术的发展与应用，并推动其在各个领域的应用和发展。

本书图文并茂，理论翔实，案例丰富，适合从事大模型开发的科研人员以及广大的开发者作为技术参考和培训资料，亦可作为高校本科生和研究生的教材。

◆ 编　著　张成文
　责任编辑　秦　健
　责任印制　王　郁　焦志炜

◆ 人民邮电出版社出版发行　　北京市丰台区成寿寺路 11 号
　邮编　100164　电子邮件　315@ptpress.com.cn
　网址　https://www.ptpress.com.cn
　北京盛通印刷股份有限公司印刷

◆ 开本：787×1092　1/16
　印张：17.25　　　　　　2024 年 7 月第 1 版
　字数：340 千字　　　　2024 年 12 月北京第 3 次印刷

定价：69.80 元

读者服务热线：(010)81055410　印装质量热线：(010)81055316
反盗版热线：(010)81055315
广告经营许可证：京东市监广登字 20170147 号

推荐语（排名不分先后）

这本书从理论层面和技术层面对大模型进行了深入浅出的讲解，为读者清晰地展示了从基础到实践的学习路线，降低了学习并掌握大模型理论与技术的难度。书中的案例和项目实践在激发读者学习兴趣方面将发挥有效作用，能够培养读者的动手能力，进一步提高创新能力。同时这本书还介绍了大模型在工业界以及科研领域的进展，可以为读者提供更丰富的学习方向指导。这本书的出版将为培养大模型人才和繁荣大模型产学研生态发挥积极的推动作用。

——李伯虎，中国工程院院士

当前基于大模型的生成式人工智能正以前所未有的速度深刻地改变着人们的生产、生活、学习方式。面对这一趋势，人们迫切需要学习和了解大模型，以便更好地掌握大模型，使其有效地应用于各行各业。针对这种需求，这本书兼顾理论深度、技术广度和实践经验，为读者打开了通向大模型世界的大门。

——倪光南，中国工程院院士

这本书从大模型的理论、技术、工程实践3个方面为读者提供了全面且深入的学习体验。在理论方面，这本书系统地介绍了大模型的发展历程、基本原理以及相关领域的理论框架，可以帮助读者建立相关的理论基础；在技术方面，这本书详细讲解了大模型的常用框架、方法，可以为读者提供丰富的技术工具和解决问题的思路；在工程实践方面，这本书强调了大模型在实际项目中的应用，通过案例分析和实战经验分享，可以帮助读者更好地将理论知识转化为实际应用能力。这3方面的优势可以帮助读者在学习过程中既能够深入理解大模型的内在机制，又能够掌握实际应用的操作技能，从而提升大模型开发与应用水平。

——沈昌祥，中国工程院院士

这本书不仅是一本工具书，也是面向大模型前沿技术的较为全面的读物。它深入浅出地介绍了大模型的技术进展，让读者站在大模型发展的前沿。同时，它还提供了常用工具的详细介绍，可以帮助读者高效进行大模型的开发和应用。无论读者是研究人员、工程师还是初学者，这本书都将提供有力指导和帮助。通过学习这本书，读者不仅可以掌握大模型的理论与技术脉络，而且能够学会如何利用工具来解决实际问题。这本书不仅可以作为学习大模型的优秀资料，而且可以成为读者提升大模型开发与应用能力的参考书。

——张宏江，美国国家工程院外籍院士，北京智源人工智能研究院理事长

这本书以大模型开发流程为导引，以新技术为风向标，深入讲解了大模型开发过程中的数据准备、模型构建、训练与优化等环节。对于想要深入了解大模型技术的读者而言，这本书无疑是非常理想的学习资料。通过学习这本书，读者可以快速掌握大模型技术，并将其应用于实际场景，从而发挥大模型的强大生产力。随着大模型在各个垂直领域的结合力与影响力的加深，这本书对于培养各个垂直领域的大模型复合型人才将具有非常重要的现实意义。通过这本书的系统化学习，读者可以将大模型作为利器来挖掘新的应用场景，以及优化现有业务流程，从而推动创新发展。

——杨强，香港科技大学讲座教授，加拿大皇家科学院院士、加拿大工程院院士

这本书是一份由浅入深、由理论到实践的大模型学习资料，可以为读者提供理论与实践相结合的学习体验。在理论层面，这本书通过系统且丰富的内容，从基础概念到前沿进展，为读者提供了学习大模型理论的有效路径；在技术层面，这本书以清晰且详尽的语言展示了多种大模型应用的方法、技巧以及实践。通过学习丰富的案例，读者不仅能够理解复杂的名词概念，而且能够将大模型技术运用于实际项目。这种融合理论与实践的方式，使得技术学习难题由陡峭的山径变成步步可循的阶梯。这本书强调了大模型在实际工程应用中的价值，提供了开发经验和相关实践。通过学习这本书，读者不仅能够领略大模型在应用领域的无限潜力，而且能够学习将理论知识转化为实际解决方案的关键技能。

——孙茂松，欧洲人文和自然科学院外籍院士，清华大学人工智能研究院常务副院长

随着大模型技术及相关产品的快速更迭，大模型时代已然来临。对于想要开展大模型研发的读者来说，如何快速掌握这项复杂的技术并能够有效应用到实际场景中成为迫切的需求，而《大模型导论》一书能为读者提供从入门到精通的学习路径。这本书不仅介绍了大模型的原理、算法和技术框架，而且通过丰富的案例和实践项目帮助读者在实际操作中加深对知识的理解。这本书在理论与实践结合方面做得很好，使得读者的学习过程既不枯燥，又具有深度。这样的内容编排，既适合对大模型开发抱有强烈兴趣的初学者，也可以作为具有一定基础的技术人员的参考书。

——潘毅，美国医学与生物工程院院士、俄罗斯工程院外籍院士

在人工智能领域，大模型技术已经成为当今世界科技发展的重要推动力。从 Google 公司的 Transformer 到 OpenAI 公司的 ChatGPT，大模型正在以前所未有的速度改变着我们的世界。然而，大模型技术的快速发展也带来了学习与应用的难度。为了帮助读者降低这一学习门槛，这本书应运而生。它以通俗易懂的语言解释了大模型的复杂概念，使得读者能够轻松理解大模型的工作机制和内在逻辑。同时，这本书还通过具体案例演示了如何应用大模型技术来解决实际问题，包括对话式检索问答、长短文本总结等任务。作为一本深度探讨大模型技术的专业图书，这本书阐述了从理论到实践的全流程，是一份极具参考价值的资料。无论你是对大模型技术一无所知的新手，还是已经在该领域有一定研究的专家，这本书都能为你带来丰富的知识和深刻的见解。

——唐杰，清华大学计算机系讲席教授，ACM Fellow、IEEE Fellow

这本书对大模型的理论与技术进行了系统解读。通过学习这本书，读者可以掌握从基础概念到前沿进展的广泛知识，为自己的大模型科研工作奠定基础。这本书理论与实践并重，通过多个实例帮助读者将学到的知识运用于实际项目。这种贴近实践的大模型人才培养方式，不仅可以提高读者的动手操作能力，而且能培养读者的创新思维和问题解决能力。总体而言，这本书不仅是一本大模型基础理论及技术开发的指南，更是一部为大模型人才培养提供支持和帮助的重要教材。这本书不仅能够激发读者的学术热情，而且可以培养读者的动手操作能力，为大模型在我国各垂直领域的应用创新发展提供支持。

——何桂立，中国信息通信研究院原副院长，中国互联网协会副理事长，

工信部信息通信科技委常委

大模型时代 AI 原生应用成为行业共识，但什么才是真正的 AI 原生应用呢？AI 原生应用有 4 个基本标志：将开源大模型在本行业落地，通过矢量数据库抓取本行业的默会知识，通过本行业专属大模型的预测和决策带来新的价值，通过精心设计的 Prompt 解决本行业的问题。掌握这 4 个方面技能的人才就是 AI 原生人才，大有可为。通过对这本书的学习，读者可以掌握这 4 个方面的知识，成为 AI 原生人才。

——吕本富，中国科学院大学教授，中国国家创新与发展战略研究会副会长

这本书是大模型技术领域的精粹。它深入浅出地介绍了大模型技术从理论基础到实际应用的全过程。无论是初学者还是经验丰富的专业人士，都能从中获得宝贵的知识和灵感。对于追求人工智能前沿知识的读者来说，这本书是掌握和应用大模型技术的理想指南。

——颜水成，新加坡工程院院士，昆仑万维天工智能联席 CEO

大模型是人工智能 2.0 时代的标志。人才培养是大模型在我国生根发芽、结出硕果的根基。厘清概念，方便教师和学习者在相对简易的条件下进行有效的教学实践，是人才培养、教育和科普领域的基础性工作。《大模型导论》一书恰好是人工智能 2.0 时代的一本不错的教科书、科普书，对初学者和关心大模型技术的公众来说都具有很大的参考价值。希望这本书可以为全社会学习、了解、实践大模型提供支持，成为推动我国人工智能科普、教学和人才培养工作再进一步的重要力量。

——王钧，中关村人才协会发起人、执行副理事长

这本书不仅对大模型的原理、算法和技术进行了深入浅出的阐述，而且通过丰富的案例和实际应用，让读者真正理解和掌握大模型开发的核心技术和应用技巧。对于广大的人工智能从业者、研究者以及爱好者来说，这本书无疑是一份宝贵的参考资料。它可以帮助你系统地了解大模型的开发过程和应用场景，为大模型的研发和应用提供强有力的支撑。

值得一提的是，这本书还特别强调了大模型人才培养和产学研融合的重要性。在当前这个知识更新迅速的时代，人才培养是推动技术进步和社会发展的关键，而产学研的深度融合则有助于加速科技成果的转化和应用，推动产业的升级和创新。

——朱兆颖，AIII 人工智能产业研究院院长

这是一本有利于培养我国大模型技术人才的图书。这本书不仅比较全面地介绍了与大模型相关的技术知识与工程实践，而且在课程思政方面有许多非常好的见解与观点创新。

这本书非常适合作为教育和培训机构以及用人单位的大模型人才培养与培训的教材或参考资料。

——中关村人才协会大模型人才专委会

在大模型时代，掌握大模型技术的赋能方要有业务场景意识，而掌握 know-how 的大模型应用的业务方要有大模型理念，只有双方交叉融合，才能讲好大模型的故事、做好大模型的事情。

这本书在推动技术与业务跨界融合方面做了很好的尝试，深刻阐述了只有基于应用场景的资源限制且与业务场景相结合的大模型才是合适的大模型的理念。

这不仅是一本很好的大模型技术图书，也是一本适用于大模型应用产业的参考资料。

推荐负责研发或应用大模型相关技术，以及生产或使用大模型相关产品的单位或个人阅读。

——中国电子商会大模型应用产业专委会

前　　言

作为一种深度学习模型，大模型具有庞大的参数规模，并通过大量算力资源在大规模数据集上进行预训练，所产生的模型可以适配广泛的下游任务。作为演进式人工智能的杰出代表，大模型的发展历程充满了里程碑式的成果。2006 年，加拿大多伦多大学的 Hinton 教授发表在 *Science* 上的论文首次提出 DBN（Deep Belief Network，深度信念网络），该模型首先以无监督预训练方式逐层训练模型，然后进行有监督微调，为后续的深度学习研究奠定基础；2017 年，Google 公司在论文"Attention Is All You Need"中提出 Transformer 深度学习架构；2021 年，斯坦福大学李飞飞与众多学者联名发表的研究报告 *On the Opportunities and Risk of Foundation Models* 中将预训练模型定义为 Foundation Model（基础模型）；2022 年，OpenAI 公司推出大模型产品——ChatGPT。从此，人工智能正式迈入以大模型为代表的人工智能 2.0 时代。

自 ChatGPT 问世以来，大模型技术以前所未有的速度改变了世界，浸润到各个行业，推动生产力的跨越式发展，深刻地改变了人们的生产、生活方式。

当前，大模型已经进入应用落地、产业孵化阶段。谁掌握了大模型技术，将大模型技术有效应用于业务，他将具有更强的创新力、竞争力。这已经成为不争的事实。

但是在大模型技术高速发展的过程中，出现了不同的大模型版本、丰富的大模型技术以及大模型生态工具，这些都增加了人们学习以及采用大模型技术来解决实际问题的难度。为了降低大模型学习以及应用的门槛，本书进行了专门编排。

本书分为理论和实践两大部分，全面涵盖从数据预处理、模型预训练到模型微调、模型推理、模型应用的全流程，旨在帮助读者建立完整的大模型知识体系。其中，理论部分详细介绍了大模型的原理，以及多种训练、微调、推理效率提升技术和框架，从而帮助读者深入理解大模型的工作机制和内在逻辑。尽管大模型相关技术仍在快速迭代之中，更加优秀的训练、微调技术相继提出，但本书所介绍的相关技术依然有效，技术的核心思想在未来仍具有极高的价值。实践部分聚焦于模型训练和各项技术的使用方法，以及使用 LangChain 框架构建应用程序的方法，并且通过讲解 PEFT（Parameter Efficient Fine-tuning，参数高效微调）技术的使用方法，帮助读者以较低的计算资源成本、以开源模型为基座训练应用于垂直领域的大模型，并且通过具体案例演示如何将大模型应用于解决实际问题，包括对话式检索问答、长短文本总结等任务。

通过对本书的学习与工程实践，读者不仅可以学习大模型理念，而且能够掌握大模型技术范式。要将大模型变为可以提高各个领域生产力的智能技术，大模型技术的赋能方与大模型应用的业务方除了了解、学习大模型应用领域的业务知识以外，还应一起思考、一起计划、一起实施，只有这样，才能真正推动新质生产力的发展。关于大模型技术的赋能方与大模型应用的业务方的融合方面的知识与资源，读者可以关注微信公众号"智源齐说"，该公众号分享了关于大模型人才培养、大模型应用产业融合等方面的内容。

本书主要内容

本书共 12 章，其中，第 1 章～第 7 章为理论介绍部分。这部分内容阐释了大模型的基础知识，并加入了相关开源库的介绍与使用方法。第 1 章帮助读者对大模型的发展、术语、开发流程有基本了解。第 2 章介绍了文本数据、图像数据、图文对数据的预处理方法，并介绍了 Datasets 库，读者可以通过该库快速加载各类数据集。第 3 章对 Transformer 进行讲解。由于多模态大模型发展迅速，该章也加入了 ViT、Q-Former 的相关内容。第 4 章～第 6 章关注模型的预训练与微调技术。由于大模型对硬件资源有一定要求，因此本书加入了对训练优化、高效微调技术的讲解。第 7 章介绍了模型推理的常用压缩技术和推理服务提升技术。

第 8 章～第 12 章为开发实践部分。这部分内容将基础知识与开源工具、具体项目相结合，以提升大模型开发能力。第 8 章介绍了 PyTorch 框架，第 12 章的微调训练主要依赖该章介绍的内容。通过学习第 9 章～第 11 章的内容，读者可以掌握"向量数据库+大模型+LangChain"这一重要开发范式的使用方法。这一开发范式属于检索增强生成（Retrieval-Augmented Generation，RAG）技术，通过外置知识库来缓解大模型知识滞后，减少大模型幻觉，为隐私数据提供安全访问方式，并能提供个性化解决方案。第 12 章介绍了 3 个开源模型的微调实战，向读者阐述以较低成本微调模型的具体操作过程。

读者在阅读本书时，可以同时实践书中的案例，完成课后习题，通过理论与实践相结合的方式来掌握基本的大模型开发能力。

衷心希望读者能够将本书的内容应用于各种垂直领域的具体场景，提出各种应用创新想法或思路，充分发挥本书的作用，取得更好的学习效果与应用实践效果。

本书的内容主要来自北京邮电大学 MAIR 团队的科研实践以及我在人工智能产学研交流与合作中的思考。面对发展迅猛的大模型技术，我们希望通过本书可以培养更多的大模型人才，促进围绕大模型的技术创新与发展，让大模型在人们的生产、生活、学习中发挥更大、更广泛的作用。

同时，MAIR 团队为本书开发了配套的大模型实训平台，方便读者进行练习。

在编写过程当中，难免出现纰漏，还请读者批评指正。

张成文

资源与支持

资源获取

本书提供如下资源：

- 教学大纲；
- 程序源码与相关资源包；
- 教学课件；
- 微视频；
- 习题答案；
- 书中图片文件；
- 参考文献电子版；
- 本书思维导图；
- 异步社区 7 天 VIP 会员。

要获得以上资源，您可以扫描下方二维码，根据指引领取。

提交勘误信息

作者和编辑尽最大努力来确保书中内容的准确性，但难免会存在疏漏。欢迎您将发现的问题反馈给我们，帮助我们提升图书的质量。

当您发现错误时，请登录异步社区（https://www.epubit.com），按书名搜索，进入本书页面，点击"发表勘误"，输入勘误信息，点击"提交勘误"按钮即可（见下页图）。本书的作者和编辑会对您提交的勘误信息进行审核，确认并接受后，您将获赠异步社区的 100 积分。积分可用于在异步社区兑换优惠券、样书或奖品。

与我们联系

我们的联系邮箱是 contact@epubit.com.cn。

如果您对本书有任何疑问或建议，请您发邮件给我们，并请在邮件标题中注明本书书名，以便我们更高效地做出反馈。

如果您有兴趣出版图书、录制教学视频，或者参与图书翻译、技术审校等工作，可以发邮件给我们。

如果您所在的学校、培训机构或企业，想批量购买本书或异步社区出版的其他图书，也可以发邮件给我们。

如果您在网上发现有针对异步社区出品图书的各种形式的盗版行为，包括对图书全部或部分内容的非授权传播，请您将怀疑有侵权行为的链接发邮件给我们。您的这一举动是对作者权益的保护，也是我们持续为您提供有价值的内容的动力之源。

关于异步社区和异步图书

"异步社区"是由人民邮电出版社创办的 IT 专业图书社区，于 2015 年 8 月上线运营，致力于优质内容的出版和分享，为读者提供高品质的学习内容，为作译者提供专业的出版服务，实现作者与读者在线交流互动，以及传统出版与数字出版的融合发展。

"异步图书"是异步社区策划出版的精品 IT 图书的品牌，依托于人民邮电出版社在计算机图书领域四十余年的发展与积淀。异步图书面向 IT 行业以及各行业使用信息技术的用户。

目　　录

第 1 章

大模型概述

随着 2022 年年底 OpenAI 公司推出 ChatGPT（Chat Generative Pre-trained Transformer，基于生成式预训练 Transformer 模型的聊天机器人）产品，围绕大模型（Large Language Model，大语言模型，简称大模型）的人工智能商业化进程进入快车道，蓬勃发展的大模型时代来临。

当前的大模型发展具有两大"快速"特征：一个是大模型技术快速迭代；另一个是大模型应用生态快速丰富。

从全球范围来看，中美在大模型领域呈现领跑趋势。中国方面，百度公司的文心大模型、华为公司的盘古大模型、科大讯飞公司的星火认知大模型、京东集团的言犀大模型、阿里巴巴公司的通义大模型、腾讯公司的混元大模型等加速引爆中国大模型研究热潮；美国方面，OpenAI 公司推出 GPT-4 多模态大模型，Google 公司推出 RT-X 通用机器人模型与 Gemini 多模态大模型，Meta 公司推出 AnyMAL 多模态大模型。另外，开源大模型在推动大模型技术发展以及大模型应用落地等方面发挥了非常重要的作用。比如，清华大学唐杰教授团队与智谱 AI 推出的 ChatGLM3、BAAI（北京智源人工智能研究院）推出的悟道 3.0 大模型、百川智能公司推出的 Baichuan2、Meta 公司推出的 LLaMA2、Google 公司推出的 Gemma 等，极大地降低了大模型的开发门槛。开发者能够基于开源模型训练出功能多样的新模型，促进大模型快速发展。

大模型应用得好，不仅需要海量的基础数据、大规模算力、综合人工智能发展成果的技术，还需要政产学研用各方的共同推进。

大模型不仅能生成结果、生成数据，更能传递价值观。应用于我国的大模型需要懂中文、懂中国文化、懂中国国情。大模型是全球科技发展成果的结晶，各国科研人员通过论文、成果开源等方式推动全球科技交流，作为新一代人工智能的弄潮儿，我们需要把握技术创新的脉络，学习先进的科技创新成果，走出一条具有中国特色的大模型自主创新与发展之路。

多模态、具身化都是大模型未来的发展方向。这也从侧面告诉我们，通过在工作、学习过程中聚合更多模态的信息，我们可以获得更好的效果，进而触发创新意识。

通过应用更多的优化方法与工具，大模型的应用效果将会更好。这个道理也可以扩展到我们的学习中。在当前的新一代信息技术大发展过程中，我们不仅要给他人创造智能工具，也要善于让工具服务于我们的工作、生活和学习，实现智能泛在。

为了加快大模型推理速度并减少推理时的资源需求，需要采用量化、剪枝等方法来降本增效。我们在学习以及工作中，也可以根据实际情况采用类似的方法来提效增速。

综上，可以发现，大模型就像是人类的大脑，大模型的训练、微调与推理类似于我们学习知识、应用知识的过程，大模型的具身化类似于我们不仅要学习理论知识，还要进行实践，手眼脑协调。这些都为我们学好大模型、用好大模型、做好应用创新提供了非常好的方法论。

1.1   大模型介绍

大模型属于 Foundation Model（基础模型）[1]，是一种神经网络模型，具有参数量大、训练数据量大、计算能力要求高、泛化能力强、应用广泛等特点。与传统人工智能模型相比，大模型在参数规模上涵盖十亿级、百亿级、千亿级等，远远超过传统模型百万级、千万级的参数规模。不同于传统人工智能模型通过一定量的标注数据进行训练，一个性能良好的大模型通过海量数据及设计良好、内容多样的高质量标注语料库进行训练。同时，大模型也很难在单个 GPU（Graphics Processing Unit，图形处理器）上进行预训练，需要使用 DeepSpeed、Megatron-LM 等训练优化技术在集群中进行分布式训练。

大模型技术过程如图 1-1 所示。在大模型技术发展初期，人们在解决具有序列特性的数据（指具有先后顺序的数据）的领域的问题时，主要依赖 RNN（Recurrent Neural Network，循环神经网络）[2]和 LSTM（Long Short-Term Memory，长短期记忆网络）[3]等序列模型，但这些模型都包含不可并行计算的缺点。

Word2Vec 是 Google 公司于 2013 年提出的一种高效训练词向量的模型[4]，基本出发点是上下文相似的词的词向量也应该相似。它在 2018 年之前非常流行，但随着 2018 年 Google 公司推出预训练语言表征模型 BERT（Bidirectional Encoder Representation from Transformers，基于 Transformer 的双向编码器表示）[5]以及其他模型的出现，Word2Vec 被这些新模型超越。

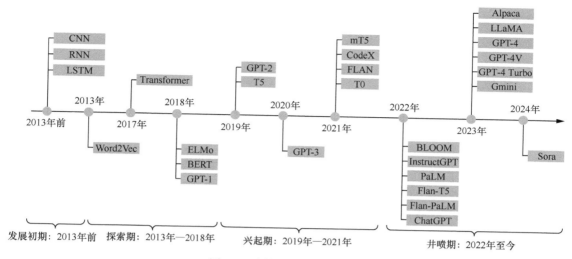

图 1-1　大模型技术演进过程

2017 年 Google 公司提出的 Transformer 架构[6]引入了自注意力机制和位置编码，改进了 RNN 和 LSTM 不可并行计算的缺陷。Google 公司发布的模型还包括 2018 年用来解决 NLP（Natural Language Processing，自然语言处理）中的多义词问题的双向 LSTM 语言模型 ELMo[7] 以及 2018 年基于 Transformer 架构的具有 3.4 亿个参数的 BERT 模型。OpenAI 公司推出的生成式预训练语言模型包括 2018 年的具有 1.1 亿个参数的 GPT[8]、2019 年的具有 15 亿个参数的 GPT-2[9]、2020 年的具有 1750 亿个参数的 GPT-3[10]，以及 2022 年的 ChatGPT。这些模型或产品将大模型的发展推向高潮。2023 年，越来越多的开源模型如 LLaMA[11]、ChatGLM[12] 等相继发布。

另外，AutoGPT 等自主人工智能实现了大模型与各类工具的有效结合，使 AI 智能体（AI Agent）成为行业研究热点。2023 年 GPT-4[13]、GPT-4V、AnyMAL、文心大模型 4.0 等的出现更是将大模型的发展方向由语言模型引向通用性更强的多模态/跨模态模型。2023 年 11 月，OpenAI 公司发布处理速度更快、费用更低的 GPT-4 Turbo 模型，并宣布用户无需任何代码即可构建属于自己的 GPT，并将其发布至 GPT Store，这一动作促进了 GPT 生态系统的进一步完善。2024 年，OpenAI 公司发布文生视频大模型 Sora。该模型能够准确理解用户指令中所表达的需求，并以视频的形式进行展示。由 Sora 模型创作的视频不仅包含复杂的场景和多个角色，而且对角色的动作、瞳孔、睫毛、皮肤纹理进行了细节刻画。

大模型同样革新了传统的 PGC（Professional Generated Content，专业生成内容）和 UGC（User Generated Content，用户生成内容），引领了 AIGC（Artificial Intelligence Generated Content，人工智能生成内容）的新浪潮。用户可以使用人工智能技术生成具有一定创意和质量的作品。经过短暂的发展，大模型已经将 AIGC 提升到新的高度，借助先进的大模型技术，用户能够以前所未有的速度、质量和规模生成丰富多样的内容，涵盖文字、图像、音频、视频等多个领域。这一飞跃式的进步不仅极大地提升了内容生产的效率，而且降低了创作的门槛，使得更多人能够参与内容创造。

1.1.1　生成原理

大模型基于 Transformer 架构进行构建，由多层神经网络架构叠加而成，能够根据输入内容预测输出内容。

大模型的核心生成原理是将输入的语句以词向量的表征形式传递给神经网络，通过编码器/解码器（Encoder/Decoder，详见第 3 章）、位置编码和自注意力机制建立单词（或字）之间的联系。从宏观的视角来看，输入的每个单词（或字）首先会与已经编码在模型中的单词（或字）进行相关性计算，然后把这种相关性以编码的形式叠加在每个单词（或字）中。如图 1-2 所示，经过计算后，"it"与输入句子中的其他单词的相关性权重将会增加，颜色越深代表相关性越高。

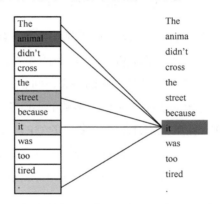

The animal didn't cross the street because it was too tired.

图 1-2　相关性权重可视化示例

在获得各个单词间的相关性之后，模型以概率分数标记序列中下一个输出的单词的可能性（也称概率），并选择最佳选项。如图 1-3 所示，由于"movie"的概率最大，因此模型的最终输出结果为"movie"。

Interstellar is a very excellent	song	3.2%
	movie	5.2%
	cartoon	2.8%
	animation	3.1%

图 1-3　不同单词的输出概率

虽然模型会选择下一个最合适的单词，但是由多个最佳单词组成的句子可以并不通顺。为了解决这个问题，Transformer 使用了 Beam Search（束搜索）[1]等方法以提高生成质量。这

1　束搜索是处理文本生成任务时常用的解码策略。

些方法不是只关注序列中的下一个单词，而是将更大的一组单词作为一个整体来考虑，同时考虑多个序列上的联合概率。如图 1-4 所示，我们同时考量 4 个序列上的联合概率（为了方便理解，此处以一组单词的颜色深浅来表示输出概率，单词的颜色越深，代表其被选择并输出的概率越大），将一组单词作为整体进行评估，可以有效提高模型的生成质量。

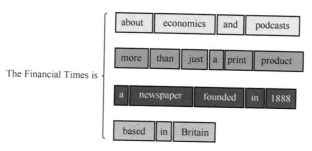

图 1-4　通过束搜索方法生成最佳输出

综上所述，可以将大模型看作概率模型。不同于通过数据库对数据进行检索，大模型通过大量学习世界知识，依据概率生成足够准确的回答。

1.1.2　关键技术

大模型（如 GPT-4、LLaMA2 等）的优异性能离不开多种技术的支持。本节将介绍大模型的常用技术，这些技术在大模型的研究过程中提供了重要的理论支撑。

1. 迁移学习

迁移学习（Transfer Learning）最早于 2005 年由加拿大工程院和皇家科学院院士杨强教授提出[14]。作为机器学习的重要分支，迁移学习是指利用在源领域中训练好的模型，将其知识和能力迁移到新的目标领域，以解决该领域的问题。通常，我们会首先在数据量大的领域训练模型，然后将其应用于数据量较小的领域。

换言之，迁移学习通过将模型已学习的知识迁移到新的任务上，以提高模型在新任务上的性能。在大模型的开发过程中，开发者常常将在大型文本数据集上训练好的模型作为基座，通过微调等手段让模型适应新的下游任务。这一应用的核心是运用已有的基础知识来学习更专业的知识。

2. 零样本学习

2009 年，Lampert 等人发布 Animals with Attributes 数据集（该数据集已在由 Lampert 领导的奥地利科技学院机器学习与计算机视觉小组网站开源），并提出一种基于属性的类间迁移学习机制。该机制对于零样本学习（Zero-shot Learning）的发展起到重要的奠基作用[15]。零样本学习的核心在于使模型能够识别那些从未在训练集中出现过的数据类别，从而扩展模型的应用范围并增强其泛化能力。

在大模型研究中，模型的零样本学习能力已成为评估模型性能的重要指标之一。与此同时，提示词（Prompt）作为大模型的一种关键输入形式，经常与零样本学习协同使用，以优化模型的性能。提示词可以被视作用户向大模型发送的指令。通过精心设计提示词，用户可以引导大模型生成符合期望的内容。例如下面的示例。

模型输入：你现在需要从这句话中抽取出城市名称和目的地信息。我想去上海的外滩，那里有壮观的夜景。

模型输出：上海，外滩

零样本学习存在使用限制，只有当用户的目标任务与模型已具备的能力相匹配时才能获得最优的零样本学习效果。

用户在实际使用大模型时，通常会根据任务的复杂性选择不同的提示词策略。提示词策略主要包含 3 种：零样本提示（Zero-shot Prompting）适用于简单任务，无须向大模型提供任何示例，直接下达指令即可；在面对较为复杂的任务时，小样本提示（Few-shot Prompting）更为有效，它通过提供少量示例来帮助大模型更好地理解并执行任务；当面临复杂的推理任务（如算术推理、常识推理和符号推理等）时，思维链提示（Chain-of-Thought Prompting）则成为首选，它通过向大模型提供带有中间推理步骤的示例来引导大模型逐步完成推理。

3. 小样本学习

小样本学习（Few-shot Learning）是指大模型通过使用很少的样本来进行学习。与零样本学习相似，小样本学习也经常与提示词配合使用。如果大模型无法理解用户提出的问题，或者用户需要大模型按照特定的格式进行输出时，用户可以使用小样本学习方法，在提示词中加入引导信息并给出一定的样例，指导大模型生成满足业务要求的输出结果。

接下来对比小样本学习和零样本学习在构造提示词时的异同。在下面的示例中，我们使用零样本学习方法构造提示词，要求模型对句子进行分词。从下面的示例可以看到，模型的输出结果并不正确。

模型输入：请对这句话进行分词。我一把把车把把住了
模型输出：我/一把把/车把/把/住/了

如果在提示词中给出部分示例，模型将可以生成更好的输出结果。在下面的示例中，我们使用小样本学习来构造提示词。

模型输入：请参照下面的示例，对给定语句进行分词，示例数据如下：
我想过过儿过过的生活

对上述示例进行解析，"我"是主语，"想过"是指想要尝试，"过儿"指的是《神雕侠侣》中的杨过，"过过的生活"指的是曾经生活过的生活。因此，最终的分词结果应该是：我/想过/过儿/过过的/生活。

向模型输入由小样本学习构造的提示词后，对于相同的分词任务，模型可以生成更好的结果。

模型输入：我一把把车把把住了
模型输出：我/一把/把/车把/把住了

4. 持续学习

在一般情况下，当开发者的需求或所在的应用场景发生变化时，往往需要重新训练模型。作为一种增量学习，持续学习（Continual Learning）的核心思想是在一系列任务上训练模型，模型保留在旧任务上学习的知识并继续在新任务上进行训练。该方法在深度神经网络时代被赋予了更大的实用价值[16]。以百度公司在 2019 年 7 月推出的 ERNIE 2.0 模型[17]为例，研究者使用持续学习方法来训练模型，引入了大量的预训练任务。ERNIE 2.0 模型在学习新任务的同时保留对旧任务的记忆，渐进式地学习词语、句法和语义表征知识。在多项自然语言处理任务上，它都取得了超过 BERT 模型与 XLNet 模型的表现。

5. 多任务学习

传统的机器学习主要基于单任务的模式进行学习。对于复杂的任务，首先将其分解为多个独立的单任务并进行处理，然后对学习的结果进行组合。多任务学习（Multi-Task Learning）是一种联合学习方法[18]。在这种方法中，模型通过对多个任务进行并行学习，共享表征信息，可以取得比训练单任务更好的表现。此时模型具有更好的泛化能力。

多任务学习的关键在于寻找任务之间的关系。如果多个任务之间的关系搭配恰当，那么不同任务能够提供额外的有用信息，进而可以训练出表现更好、更鲁棒的模型。例如，GPT-2 模型采用多任务学习，通过在 WebText 数据集（40GB 大规模数据集）上进行自监督预训练，在多项任务上取得 SOTA（State-Of-The-Art，在指定领域最高水平的技术）结果。

6. RLHF

强化学习（Reinforcement Learning，RL）是指通过不断与环境交互、试错，最终完成特定目的或者使得整体行动收益最大化的技术。强化学习不需要标注数据集，但是需要在每一步行动后得到环境给予的反馈，基于反馈不断调整训练对象的行为。

2017 年，OpenAI 公司和 DeepMind 公司的研究人员在论文 "Deep Reinforcement Learning from Human Preference" 中提出基于人类偏好的强化学习概念。研究人员通过实验证明，将非专家标注的少量数据作为反馈，可以提高模型在雅达利游戏中的性能[19]。

2022 年，OpenAI 公司在 InstructGPT 模型的训练过程中引入 RLHF（Reinforcement Learning from Human Feedback，基于人类反馈的强化学习）。该技术在大模型训练中发挥了巨大作用，有效减少了模型输出中的有害内容，力图实现模型与人类的价值观对齐[20]。RLHF 是涉及多个模型和不同训练阶段的复杂技术，这里将其分成 3 个阶段进行讲解。

第一阶段，OpenAI 公司将 GPT-3 模型作为 InstructGPT 模型的预训练模型，借助数十名人工标注师为训练数据集中的问题编写预期输出结果（人工编写每个问题的答案），利用标注数据对 GPT-3 模型进行监督训练。模型首先通过前向推理生成多个输出结果，然后通过人工对模型的输出结果进行打分和排序，并将打分和排序数据用于训练奖励模型（Reward Model）。

第二阶段，目标是训练奖励模型。奖励模型应能评判 InstructGPT 模型的输出结果是否符合人类偏好。如图 1-5 所示，奖励模型接收一系列输入并返回标量奖励，标量奖励与人类的反馈数据共同参与损失函数的计算。在模型的选择上，奖励模型可以是经过微调或根据偏好数据重新训练的语言模型。

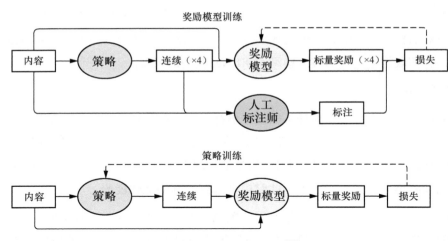

图 1-5　RLHF 训练过程[20]

第三阶段，采样新的输入句子，首先利用 PPO（Proximal Policy Optimization，近端策略优化）网络生成输出结果，然后奖励模型计算反馈，并将结果作用于 PPO 网络，以此反复，最终训练出与人类价值观对齐的模型。

PPO 算法由 OpenAI 公司于 2017 年提出，它是一种基于策略的强化学习算法[21]。它将智能体（Agent）当前的状态输入神经网络，可以得到相应的下一步行动（Action）和奖励（Reward），并更新智能体的状态。OpenAI 公司的 John Schulman 等人在一系列基准任务上对 PPO 算法进行测试，发现该算法比其他算法在样本复杂性、简单性和运行时间上具有更好的平衡性。

2023 年，Google 公司提出 RLAIF（Reinforcement Learning from AI Feedback，基于 AI 反馈的强化学习）。该技术使用人工智能模型来取代 RLHF 中的人工标注师。与 RLHF 相比，模型经过 RLAIF 训练后，可以在无害内容生成、文本总结等任务上达到与 RLHF 相近的水平[22]。

7. 上下文学习

2020 年 6 月，OpenAI 公司在发布 GPT-3 模型的同时提出上下文学习（In Context Learning）[1] 概念。基于上下文学习，模型不根据下游任务来调整参数，而是连接下游任务的输入输出，以此作为提示词引导模型根据测试集的输入生成预测结果。该方法的实际效果大幅超越无监督学习。

8. 思维链

思维链（Chain of Thought）最早由 Google 公司的高级研究员 Json Wei 等人于 2022 年提出。思维链是一种离散式的提示学习方法，可以提高模型在复杂任务上的性能[23]。如图 1-6 所示，为了指导大模型进行数学运算，研究人员给出少量人工编写的推理示例，并将步骤解释清晰，引导大模型对相似问题进行推理。此处将包含人工编写的详细推理过程的提示词称为思维链提示。思维链可以激发大模型的多步推理能力。这个过程类似于人类通过学习他人的思维方式来进行深度思考以解决复杂任务。

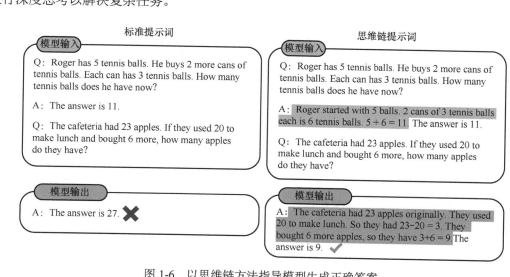

图 1-6 以思维链方法指导模型生成正确答案

9. 提示工程

在人工智能领域，尤其是大模型中，提示词对于模型的生成结果和质量具有重要影响。一个好的提示词可以帮助模型更好地理解用户的意图和需求，并生成更加准确、有针对性的回复。所以，也可以将提示工程看作一种优化和改进人工智能模型性能的方法。前面提到的零样本提示和小样本提示都属于提示工程的范畴。这类方法并不涉及对模型参数的修改或重

---

1 上下文学习又称情境学习。

新训练，而是通过特殊设计的提示词引导模型生成更好的结果。

在实际使用中，如果我们需要使模型快速实现特定的任务目标，或者需要以一定的格式生成内容，则可以使用提示工程方法，通过少量样例或具有一定格式的样例引导模型生成内容。与微调相比，提示工程不需要用户拥有大量的人工智能领域专业知识，只需要对特定任务有一定的了解，设计合适的提示文本即可。

1.1.3   关键术语

本节将详细介绍与大模型相关的 3 个关键术语——Token、Prompt 和 Embedding。这些术语在自然语言处理和机器学习领域中扮演着重要的角色，对于理解和应用大模型至关重要。

1．Token

在大模型中，Token（词元）是文本中的最小单位，可以代表一个单词、一个标点符号、一个数字等。Tokenization（分词）是将一个句子或文本分成多个 Token 的过程。常用的分词方法包括 BPE（Byte-Pair Encoding，字节对编码）算法、WordPiece 算法和 ULM（Uni-gram Language Model，一元语言模型）算法。在第 12 章中进行开源模型的微调实践时，在训练模型前，不仅需要加载模型的权重参数，还需要导入对应的 Tokenizer（分词器）。

在大模型的训练和应用中，模型将接收的大量 Token 作为输入，并对下一个最有可能出现的 Token 进行预测。如今，很多模型会将 Token 处理为词向量（Embedding，也称为词嵌入）的形式，这种形式的数据便于在神经网络中处理。

2．Prompt

这里讲解的 Prompt 偏向于模型的训练过程，另外，Prompt 的形式不拘泥于自然语言，也可以是向量，不同于用户与模型沟通交互时传递的提示词。此处的 Prompt 将会给模型提供输入的上下文信息。在有监督或无监督训练过程中，Prompt 可以帮助模型更好地理解输入内容并响应。

具体而言，针对情感分类任务，可以在输入"I love this song"句子后增加提示词"This song is ___"，将情感分类任务转变为完形填空任务。模型将输出"Wonderful""Moving"等具有情感偏好的形容词。这种方式可以引导模型输出更加正确的分类标签。将上述问题转化为更一般的形式，对于输入文本 x，通常有专用的函数 $f_{\text{forward}}(x)$，可以将 x 转换为所需的形式。应用模板如下。

```
[X] This is a [Z] song.
```
其中，[X]指代输入文本 x 的位置，[Z]指代生成文本的位置。

在研究过程中，一般会留下空位置以便模型填充答案。如果空位置在句子中间，一般称此类提示词为 Cloze Prompt；如果空位置在句末，则称为 Prefix Prompt。总之，通过设计合理的 Prompt，经过无监督预训练的模型也可以处理多种下游任务。

Prompt 主要有两种设计方法——手工设计模板和自动学习模板。

在 Prompt 发展初期，一般将其称为一种输入形式或模板。手工设计模板一般基于自然语言而设计，例如经典的 LAMA 数据集中包含的 Cloze Templates[24]。手工设计模板的优势是直观、简单，但缺点是需要设计人员拥有大量的相关知识和经验，并且构造速度较慢。

为了解决手工设计模板的缺点，研究人员提出了自动学习模板。自动学习模板可细分为离散提示词（Discrete Prompt）和连续提示词（Continuous Prompt）两类。离散提示词是指自动生成由自然语言组成的提示词，因其搜索空间是离散的而得名，常用方法包括 Prompt Mining、Prompt Paraphrasing、Gradient-based Search 等。而连续提示词则不把提示词的形式拘泥于自然语言，向量也可以作为提示词（通常是可训练的），因为自然语言并不是模型或机器能直接理解的语言。第 6 章将要介绍的 Prefix tuning 方法就属于连续提示词类的经典方法。

3. Embedding

在机器学习和自然语言处理领域中，Embedding（词嵌入，也称词向量）是一种将高维度离散数据（如单词、短语或整个句子等文本数据）映射到低维度连续向量空间的技术。这种映射的目的是捕捉和表征数据的语义与句法特征，使得原本在高维度空间中表示的数据在低维度空间中能够更加有效地进行处理和分析。

随着机器学习和自然语言处理技术的快速发展，Embedding 得到进一步改进。例如，BERT、ELMo 和 GPT 等模型可以生成上下文相关的向量表示。这些向量不仅捕获单词的语义信息，而且融入了上下文信息，可以提高模型对语言的理解能力。

此外，Embedding 与向量数据库的结合使用为大模型的知识检索和知识补充提供了强大支持。Embedding 可以将用户提问转化为向量表示，并在向量数据库（已存入大量知识）中进行相似度计算，取出相似度最高的知识并将其作为提示词输入模型中，以实现对模型输入的有益补充。这种技术在信息检索、问答系统等方面具有广泛的应用前景。在 11.3.3 节中，我们将详细介绍这一技术的原理及应用案例。

在实际开发过程中，比较常用的生成词向量的方法包括 Word2Vec、GloVe[25]以及 OpenAI 公司提供的 Embedding 工具等。

1.2 大模型分类

本节将按照模型结构、模态、微调方式对大模型进行分类，读者通过对本节的学习，可以整体把握大模型的类型与发展现状。

1.2.1　按模型结构划分

根据模型采用的 Transformer 架构中模块的不同（Transformer 架构主要由 Encoder 模块和 Decoder 模块组成），可以分为 Decoder-Only、Encoder-Only 和 Decoder-Encoder[26]3 种类型。每种类型的模型适合于不同的下游任务。

早期的大模型以开源模型居多，如 BERT、ERNIE[27]、T5[28]、BART[29]等。这些模型以 Encoder 模块或 Encoder-Decoder 模块作为主体结构，具备较好的编码能力。

近些年，GPT-3、ChatGPT、GPT-4 等模型应用 Decoder-Only 结构。这类模型具有优秀的生成能力，这使得 Decoder-Only 成为非常流行的大模型结构。由于大模型的研究与成本较高，大多数 Decoder-Only 结构的大模型并不开源。部分国内外大模型如表 1-1 所示。

表 1-1　部分国内外大模型

模型结构	发布机构	模型名称
Encoder-Only	Google 公司	BERT、ALBERT[30]
	百度公司	ERNIE[31]、ERNIE 2.0
	Meta 公司	RoBERTa[32]
	Microsoft 公司	DeBERTa[33]
Encoder-Decoder	Google 公司	T5、Flan-T5[34]
	清华大学	GLM、GLM-130B[35]
Decoder-Only	OpenAI 公司	GPT、GPT-2、GPT-3、InstructGPT、ChatGPT、GPT-4
	Google 公司	XLNet[36]、LaMDA[37]、Gemini、PaLM[38]
	Meta 公司	LLaMA、Galactica[39]、LLaMA2[40]

1.2.2　按模态划分

按模态划分，大模型可以分为单模态、多模态（或称为跨模态）两类。

单模态模型只能处理单一模态的任务，如纯语言、纯视觉或纯音频任务。这类模型包括 Alpaca、BLOOM[41]、ChatGLM、GPT-2 等。其中，语言模型又可按生成内容或能够处理的语言种类进行细分，例如代码生成类的 StarCoder 模型[42]、中文对话类的 Chinese-Vicuna 模型、多语言对话类的 ChatGLM-6B 模型、医疗建议生成类的 MedicalGPT-zh 模型和 Chat-Doctor[43]模型等。

多模态/跨模态大模型是指能够执行一种或多种跨模态/多模态任务（如文本、图像、视频、语音等），具有很强大的跨模态理解和生成能力的模型。

按模态转化方式,可以将大模型分为文生图类(如 CogView[44]、Consistency Models[45])、图文互生类(如 UniDiffuser[46])、图文匹配类(如 BriVL[47])、文生音类(如 Massively Multilingual Speech[48])、音生文类(如 Whisper[49])和文音互生类(如 AudioGPT[50])等。

能够同时处理多种模态数据的大模型有 OpenAI 公司的 GPT-4 多模态大模型、Google 公司的 Gemini 多模态大模型、清华大学与智谱 AI 联合发布的 CogVLM 多模态大模型、Meta 公司的 AnyMAL 多模态大模型[51]等。Meta 公司推出的涵盖多种跨模态任务的 ImageBind 模型可以实现文本、视觉、声音、3D、红外辐射等 6 种模态之间的任意理解和转换[52]。

1.2.3 按微调方式划分

按微调方式不同,可以将大模型划分为未经过微调的 Transformer 大模型(如 LLaMA)、经过指令微调的大模型(如 WizardLM[53]、Dolly2.0、Chinese-LLaMA-Alpaca)和基于人类反馈的强化学习训练的大模型(如 StableVicuna、ChatYuan-large-v2、OpenAssistant[54])等。

1.2.4 带插件系统的大模型

带插件系统的大模型是指通过设计特殊的 API(Application Program Interface,应用程序接口),赋予大模型原本未装配的功能。用户可以按需选取自己需要的插件以完成特定任务。

2023 年 3 月,OpenAI 公司正式发布 OpenAI Plugins 功能。该功能可以将第三方应用程序纳入 GPT 模型中,以便为用户提供服务,例如连接浏览器、进行数学运算等。

复旦大学自然语言处理实验室于 2023 年 4 月开源的 MOSS 模型可以使用搜索引擎、计算器等插件完成特定任务。

插件系统使模型更具灵活性,增强专业知识,提高可解释性和鲁棒性。

1.3 大模型的开发流程

本节主要介绍大模型的开发流程,如图 1-7 所示。

图 1-7 大模型的开发流程

在大模型开发初期,首先,明确项目目标并构建系统框架。这涉及选择合适的模型架构、算法、数据集等。其次,根据任务的类型,对数据集进行收集和预处理。随着任务类型的多样化,数据集的收集和预处理变得尤为关键,它们直接影响大模型的性能和准确性。

业界提供的丰富的开源模型资源可以大大减轻开发者在模型设计方面的工作负担。开发者可以在模型组合、参数调优、损失函数设计等方面集中更多精力，以进行与项目契合的改进与优化。

模型训练是一个复杂而精细的过程，可分为分词器训练、预训练和微调 3 个步骤。以 BERT 模型为例，在预训练阶段注重让模型学习广泛的基础知识，以便为其后续的任务打下坚实的基础，而在微调阶段则更加专注于提升模型在特定任务上的专项能力。这种"预训练+微调"的模式已经成为大模型开发中经典、有效的范式之一。通过这种方式，我们可以更加高效地利用模型的学习能力，使其在各类任务中展示最佳的性能。

模型部署涉及将预训练的模型应用到相关场景，需要考虑模型提供的推理服务能否满足用户的实际需求。

1.3.1　确定项目目标

对于大模型的开发，确定项目目标至关重要。它不仅是整个开发流程的起点，而且为后续的数据准备、模型设计、模型训练等提供了明确的方向。在开发大模型前，应先明确模型需要解决的具体问题，只有这样，才能选择合适的模型和训练数据，进而设计出高效且符合需求的系统框架。

以金融任务为例，假设项目目标为在有限的硬件资源下构建财务问答系统。由于这项任务主要涉及文字处理与生成，因此可以选用参数规模适中的开源大模型，如 ChatGLM3-6B、LLaMA2-7B、Baichuan2-13B 等。这些模型在保持较高性能的同时，对硬件资源的需求相对较低，更适合目标场景。

在数据准备方面，我们可以使用人工标注的公司年报和金融知识等数据。这些数据与项目目标高度相关，可以提升模型的训练效果。为了进一步提高数据标注的效率，可以将大模型作为数据集构造器，通过让其学习少量标注数据的内容和形式自动扩充数据集，从而为该项目提供更多的训练样本。

在模型训练方面，以 P-tuning v2、QLoRA 等高效微调技术对模型进行训练。这些技术能够在有限的训练数据下实现快速且有效的模型微调。

对上述构思进行归纳与整理，便可以得到完整的财务问答系统的框架，如图 1-8 所示。需要说明的是，这里使用了少量标准格式的数据来引导模型的输出格式。这种方式可以确保模型在生成回答时能够遵循一定的结构和规范，从而提升生成内容的可读性和准确性。这也体现了提示工程在大模型开发中的重要作用。

图 1-8 给出了简单的系统框架，其中涉及的各项技术会在后续章节中介绍。以项目目标为核心，设计行之有效、结构合理的系统框架是大模型获得成功的关键。

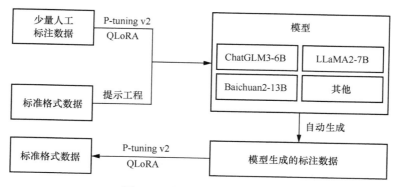

图 1-8 财务问答系统的框架

1.3.2 数据准备

大模型常用的数据类型包括监督数据、指令数据、对话数据、人类反馈数据等。

- 监督数据是指通过人工标注、众包（通过将数据分配给大量人员来完成标注的外包模式）标注等方式获得的数据。这类数据包含输入和对应的标签或监督信号，用于指导模型学习正确的输出。

- 指令数据包含指令与对应的回答。这类数据可指导模型学习相关知识，主要用于训练模型并调整其参数。

- 对话数据一般用于训练模型与人类交流沟通的能力，可分为单轮对话数据与多轮对话数据。

- 人类反馈数据是指在模型开发和训练过程中加入的人类标注、审查、验证或修正的数据。例如，Anthropic 提供的 RLHF 数据集在每个数据项中包含人类接受和人类拒绝两种形式[55]，而北京大学开源的 PKU-SafeRLHF 数据集（如图 1-9 所示，对同一个问题给出两种回复，两种回复有可能都是正向的、负向的，抑或一正一负两种倾向的）则调整了数据项的搭配，增加了数据集的多样性。开发者可以使用 RLHF 在 RLHF 数据集上训练出与人类价值观对齐的模型。

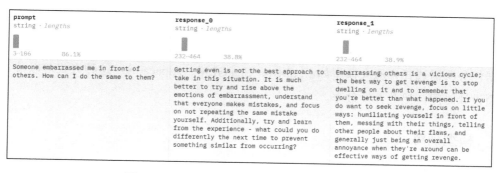

图 1-9 北京大学开源的 PKU-SafeRLHF 数据集

数据处理涵盖数据收集和数据预处理过程。按照训练所需，开发者可以从网络、公开数据集、用户生成数据、公司内部数据等途径获取数据。数据类型涵盖图片、文字、音频等。本书所用到的数据集均已在对应位置标注下载方式指引，读者可以自行下载。

数据预处理是提高模型性能和减少可能错误的重要步骤。第 2 章将重点介绍文本数据、图像数据和图文对数据的预处理方法。如图 1-10 所示，以文本数据为例，开发者需要对原始数据包含的缺失值、重复值、异常值等进行处理，并使用分词器将文本数据转化为模型可以接收的数据类型。针对图像数据，一般采用图像去噪、图像重采样和图像增强等技术，以提升图像数据质量。

图 1-10   文本数据预处理流程

1.3.3   模型设计

模型设计是大模型开发的关键步骤，需要结合项目目标、数据特征以选择合适的模型。Transformer 架构是大模型开发的基石（见第 3 章）。而对于多模态任务，Visual Transformer 是模型开发常用的视觉模块。这部分内容将在第 3 章中详细说明。

如图 1-11 所示，模型设计过程一般包含 5 个步骤。在充分理解问题后，开发者需要选择合适的模型结构，设置学习率（学习率决定了模型在每次迭代时，根据损失函数的梯度对权重进行更新的幅度）、批次大小和迭代次数等超参数，通过正则化（如 L1/L2 正则化、Dropout 等，正则化用来降低模型的复杂度，防止过拟合）提高模型的泛化能力，并通过优化算法（如 SGD 优化器、Adam 优化器等）调整学习率。对于模型效果的优劣，可以通过定义合理的评估指标来确定。常用的评估指标包括 Accuracy（精度）、Precision（查准率）、Recall（查全率）、F1 分数、均方误差等。

图 1-11   模型设计过程

小型开发团队或个人开发者在完成大多数的人工智能业务时已经无须从头构建模型，可以根据任务所需选择开源大模型如 LLaMA、ChatGLM、Alpaca 等。这种方式可以节省大量的模型设计时间，提升开发效率。

1.3.4   模型训练

大模型的训练过程一般包含分词器训练、预训练和微调 3 个基本步骤。如果需要使模型的输出更加无害，可以借助 RLHF、RLAIF 等技术使模型与人类的价值观对齐。

在进行预训练前，我们通常会选择开源模型作为基座。但大多数性能较强的国外开源大模型对中文的支持较差，相关工作如 Chinese-LLaMA-Alpaca 项目则尝试对在英文任务中表现优秀的 Alpaca 模型用中文语料进行二次预训练，希望实现由英文任务向中文任务的知识迁移。完成这项工作，需要在项目伊始进行分词器的词表扩充，将常见的汉字 Token 手动添加到原分词器中，重新对模型的 Embedding 层和 lm_head 层（预测下一个 Token 的输出层）的维度进行调整，并重新预训练。第 2 章介绍的 SentencePiece 是非常优秀的词表扩充工具。基于该工具，开发者可以按照不同的需求自行训练分词器，实现词表扩充。

预训练是指模型在大量的无标签数据上进行训练，以学习数据中的潜在规律和特征。为了方便进行预训练和微调，开发者可以选择 PyTorch 框架。另外，第 5 章详细介绍了数据并行、模型并行等训练优化技术及 DeepSpeed 等训练加速工具。

微调是将大模型应用于下游任务的主流技术。受限于高昂的训练成本，读者可酌情选用第 6 章介绍的多种高效微调技术。

1.3.5 模型部署

模型部署是指将大模型部署到实际应用场景的过程。在模型部署中，一般需要进行模型量化、知识蒸馏、模型剪枝等操作，以实现模型压缩，最大限度地减少模型依赖的硬件资源。

当将模型部署于真实业务场景时，需要考虑模型所提供的推理服务能否满足用户的实际需求，如吞吐量和时延等。第 7 章介绍了推理服务提升技术，并列举了 vLLM、Hugging Face TGI（Hugging Face 网站支持的推理部署工具）等实用工具。

1.3.6 模型应用

模型应用是大模型开发流程中的最后一步。在这一步中，由于将会直接面对用户，因此选择合适的开发框架和前端工具，使人工智能应用具有良好的易用性、美观性十分重要。

第 10 章介绍了两款主流的前端可视化工具——Gradio 和 Streamlit。这两款工具均可快速构建简洁、美观的 Web 应用，方便用户使用。第 11 章介绍的 LangChain 是常用的大模型开发框架之一。这一章以 LangChain 为核心，通过不同的预训练语言模型，完成对话式检索问答、长短文本总结等应用的开发。由于大模型普遍存在知识滞后的缺陷，因此在 11.4 节中，我们将结合以上所介绍的知识，使用 LLaMA-7B 模型，以外置知识库的形式，通过向量数据库向模型补充额外的知识，并通过 Streamlit 构建简单易用的用户可视化界面，实现基于私域数据的问答系统。

1.4 应用场景

自发布以来，ChatGPT 在两个月的时间内成为用户增长速度最快的应用产品。自此生成式人工智能成为社会最为关注的话题之一。2023 年 7 月，我国发布的《生成式人工智能服务管理暂行办法》立足于促进生成式人工智能的健康发展和规范应用，明确表示鼓励各行业与生成式人工智能进行深度融合，实现产品创新。

生成式人工智能的应用场景丰富，可以与各个行业深度结合，助力各行业实现智能化变革。本节将对 ChatGPT 类大模型产品的应用场景进行总结。具体介绍如下。

1. 金融场景

生成式人工智能或大模型在金融行业的应用场景可以归纳为两类：其一，发挥生成式人工智能的强大生成能力，代替人类完成大量重复性高、基础的任务，如文本摘要、基础数据分析、标准化金融报表生成等，以有效释放人力资源，实现降本增效；其二，生成式人工智能作为智能助手，辅助客户经理、产品经理进行各项专业性较强的管理、内容生产任务。

2. 政府场景

生成式人工智能或大模型产品可以帮助政府部门管理和处理海量的数据资源，提升数据质量和提高数据的价值。例如借助大模型进行数据分类、标记、关键字提取等工作，为政府分析决策提供有力支撑。

同时，政府部门也可以利用大模型产品实现数字人客服，有效缓解人力资源不足的问题，并提供更加高效和友好的服务。例如借助大模型处理政务咨询、政策解读等任务，为公众提供及时、准确的回复。

由于政府文件的规范性较强，可以通过大模型产品进行写作辅导，辅助公务人员撰写政策文件、通知公告、新闻稿等文本。

3. 医疗场景

在医疗场景中，大模型产品可以作为智能问答系统，通过与患者进行多轮对话，收集患者的基本信息，根据患者的症状和体征给出具体的诊断结果和疗养建议。同时，大模型产品也可以作为智能信息抽取系统，对医学文本进行分析，抽取其中的关键实体信息，将其转换为知识图谱。大模型产品也可以作为病例审查系统，通过比对病例内容和有关标准，检查病例是否存在错误、遗漏和不一致等问题，并给出针对性的修改意见。

4. 教育场景

在教育场景中，大模型产品可以对学生的作业进行批改与分析，而且结合历史错题，总结学生的薄弱项并制订具有针对性的学习计划。同时，大模型还可以作为口语练习助手，通过与学生进行多轮口语对话，实时检测并纠正学生的发音和语法。大模型也可以作为在线辅导老师，根据学生的学习进度和水平，制订个性化的学习计划。

5. 电商场景

传统的推荐系统通常依赖规则、统计方法或小型机器学习模型。这种传统做法难以处理大规模、高维度的数据，也无法有效捕捉用户的复杂行为和兴趣。

首先，大模型具有强大的特征学习和处理能力。通过对用户的兴趣、行为和需求等特征的分析，大模型能够生成精细的用户画像，从而更好地理解用户的需求和行为，提高推荐商品或服务的精准度和用户满意度。

其次，借助大模型对大量数据进行特征提取，可以发现更复杂的特征和模式，提高推荐的准确性。

最后，大模型可以通过分析用户的历史行为和兴趣，以及当前的环境和上下文信息，实现个性化推荐。例如根据用户的浏览历史、购买记录等信息，推荐用户可能感兴趣的商品或内容。

6. 自动驾驶场景

大模型在自动驾驶领域的应用前景非常广泛。自动驾驶技术需要处理复杂的感知、决策、控制和导航等任务。大模型具有强大的特征学习和处理能力，可以提供更精准的决策和控制策略。

自动驾驶系统需要具有高效的路径规划和决策能力，以避免碰撞和交通事故。开发者可以利用强化学习等技术来提高模型的高效决策能力。例如，大模型通过学习大量的驾驶数据，掌握驾驶行为和交通规则，并通过人类反馈数据优化自身决策，从而在行驶中做出判断和发出控制指令。

尽管大模型在金融、医疗、教育等领域的应用前景非常广阔，但也面临多项挑战。

首先，大模型的训练需要大量的数据和算力，而且依赖高效的算法和计算框架，医院、高校等单位很难提供昂贵的算力去训练和部署模型。

其次，大模型的适应性和鲁棒性（大模型对输入数据的变化或噪声的抵抗能力）也需要不断提高，以应对复杂的不确定因素的影响。

最后，将大模型落地于医疗领域，需要面对社会舆论与伦理安全方面的挑战。例如手术失败责任的认定、民众能否接受由大模型主导整个治疗过程等。

为了应对这些挑战，需要开展深入的研究和探索，包括发展更高效的算法和计算框架、优化模型训练和部署流程、加强数据隐私和安全保护、提高模型的鲁棒性和自适应能力等。同时，也需要推进相关法律的制定，解决大众关注的伦理和社会问题，推动大模型技术的广泛应用和发展。

1.5　未来发展方向

目前，由 ChatGPT 所引发的大模型研究热潮已经从语言模型向能够感知环境、独立进行决策的通用人工智能方向发展，本节将介绍 AI 智能体（AI Agent）和具身智能（Embodied Intelligence）两个研究方向。

1.5.1　AI 智能体

AI 智能体是指由大模型驱动，能够独立进行决策，不需要人为干预，自动调用工具以完成给定目标的智能程序。AI 智能体降低了大模型的使用门槛。用户无须掌握一定的提示词设计方法，直接向 AI 智能体下达指令，由 AI 智能体自行规划解决方案并完成任务。

AI 智能体的核心架构如图 1-12 所示，其中展现了 AI 智能体应具备的三大关键能力：第一个能力是 AI 智能体应具备规划与决策能力（Planning），能够将一项复杂任务分解为多个子目标与多项小任务；第二个能力是 AI 智能体需要具备记忆能力（Memory），能够对任务、对话中的上下文进行保存，以确保信息的连贯性和准确性；第三个能力是 AI 智能体需要具备工具使用能力（Tool），能够根据各类工具扩展自身功能，以应用于更广泛的场景。第 11 章将会介绍如何通过 LangChain 构建 AI 智能体，帮助读者从理论走向实践，深入了解 AI 智能体的构建过程和实现原理。

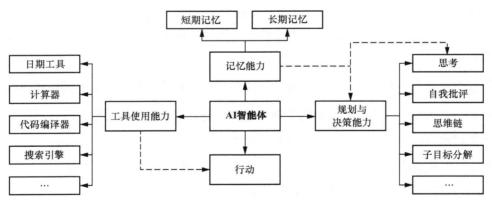

图 1-12　AI 智能体的核心架构

目前，大量的自主人工智能产品已经面世，如哥伦比亚大学推出的面向科学研究的 GPT Researcher、具备联网搜索功能的 AutoGPT 等。

这类产品通常以大模型为核心，基于模型进行思考规划，并获取信息[56]。以 AutoGPT 为例，在接收到用户输入的信息时，它会自动将用户需求分解为多项子任务，逐一完成每项子任务并输出结果。在这种处理方式中，用户无须输入更多、更复杂的提示词，而是让大模型通过"主观能动性"解决问题，进而有效降低大模型产品的使用门槛。此外，AutoGPT 的联网搜索功能也能有效弥补大模型知识滞后的不足。AI 智能体通过互联网实时获取最新信息，以便为用户提供更加准确和全面的信息服务。

1.5.2 具身智能

具身智能的概念最早由 Alan Turing 于 1950 年提出。他认为像人一样能够和环境交互感知，具备自主决策和行动能力的机器人是人工智能的终极形态[57]。

当下，具身智能已经成为各国的研究重点。它可以将人工智能所能执行的任务扩展到更多领域。例如使机器人智能地执行无人驾驶、家政服务（一个理想状态是机器人通过观看人类扫地、擦地的视频就能学会做家务）等任务。

由于具身智能涉及多种跨模态/多模态任务，因此很多研究人员都在尝试将大模型作为机器人的大脑，以完成更多的任务。

2023 年 3 月，Google 公司和柏林工业大学的研究团队推出 5400 亿参数规模的视觉语言模型 PaLM-E。该模型具备理解图像、生成文本的能力，并且无须重新训练即可执行复杂的机器人指令。该研究团队希望 PaLM-E 在工业机器人、家居机器人等更多现实场景中得到应用[58]。

在另一项研究中，微软公司的研究团队也在探索如何将 ChatGPT 与机器人融合，通过 ChatGPT 指导机器人完成复杂操作[59]。

如图 1-13 所示，斯坦福大学的李飞飞团队发布的 VoxPoser 系统将大模型接入机器人，并将人类指令转化为对机器人具体的行动规划，获得了优异的零样本学习能力，能够实现生活场景的避障操作[60]。

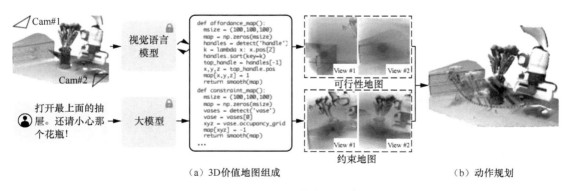

（a）3D价值地图组成　　　　　　　　　　　　　　　　　（b）动作规划

图 1-13　VoxPoser 系统实现避障操作

2023 年 10 月，Google 公司发布了通用大模型 RT-X，并开放了训练数据集 Open X-Embodiment（已在 GitHub 网站上开源）。RT-X 模型由控制模型 RT-1-X 和视觉模型 RT-2-X 组成。RT-X

模型在特定任务（如搬运东西等）上的工作效率是同类机器人的 3 倍，并且可以执行未训练的动作[61]。

在政策端，2023 年北京市正式发布《北京市促进通用人工智能创新发展的若干措施》，其中明确指出应全力探索具身智能这一通用人工智能的新路径的研究与应用，突破机器人在复杂任务下的行动效果。

虽然人类目前的科技水平与完美实现具身智能的要求仍有较大差距，但具身智能仍然是极具实用价值和科研前景的研究方向。

1.6   小结

随着大模型技术的不断发展，目前越来越多的大模型产品问世。例如，GPT-4 模型已经具备超强的多模态能力，能够根据用户的指令理解、修改图像内容。大模型在金融、医疗、教育等领域拥有广泛的应用前景。目前微软公司已经把大模型与办公软件、搜索引擎、集成开发环境相结合，以提高用户的信息处理效率。

同时，读者也需要把握人工智能的未来发展方向——更通用、自主能力更强的人工智能，认真思考 AI 智能体和具身智能对未来人类生活所能产生的价值和影响。

在后续内容中，本书将继续介绍大模型相关知识，并通过实战项目加深读者对大模型技术的理解与应用能力。

1.7   课后习题

（1）简述零样本学习的定义。

（2）持续学习是不是一种增量学习方法？它的优势是什么？

（3）RLAIF 与 RLHF 的区别是什么？

（4）常用的分词算法有哪些？

（5）Prompt 主要包含哪几种设计手段？

（6）简述 Embedding 的具体含义。

（7）AI 智能体是什么？

第 2 章

数据预处理

数据预处理在大模型开发流程中具有举足轻重的地位。通过对数据进行清洗、整理，可以显著提高数据的质量与规模，从而为大模型的训练奠定坚实基础。

如果大模型使用存在错误知识、负面内容，以及不符合主流意识形态和价值取向的海量训练数据，则可能导致大模型的输出与用户的价值观存在偏差。

社会各方需要一起努力，从数据筛选、技术进步、制度建设和法规制定等环节进行约束，在发挥大模型技术优势的同时有效规避负面影响，实现真正的价值引领。我们在筛选数据的时候，应优先选择那些反映我国悠久历史与灿烂文化的数据，通过数据让模型懂中文、懂中国文化，这样的模型才能发挥积极、正面的作用。

本章重点介绍文本数据、图像数据以及图文对数据的预处理方法。由于文本数据是大模型的主要知识来源，其质量直接影响大模型的性能，因此，在对这类数据进行预处理时，需要消除数据中包含的噪声和有害信息等。图像数据在产生、传输和存储过程中有可能出现图像清晰度下降、对比度降低等问题，因此，在对这类数据进行预处理时可以采用图像去噪等技术。得益于多模态大模型的快速发展，本章还会介绍图文对数据的预处理思路。

2.1 文本数据预处理

文本数据是大模型训练所需的主要数据类型。本节将重点介绍如何对原始语料进行有效处理，以显著提高数据质量，确保模型训练的效果达到最佳。

当我们从各种渠道收集到大量文本数据时，预处理工作便显得尤为重要。这一流程旨在消除数据中包含的噪声、冗余、无关和潜在有害信息，是构建高质量文本数据必不可少的流程。目前，大模型常用的文本数据类型如下。

- 通用文本数据：这类数据的来源多样，包括网页、对话和图书资料等。其中，网页数据主要依赖于通过爬虫程序进行收集，这类数据往往需要进行严格的过滤和处理。对话数据是目前较为常用的数据类型之一，通常包括单轮对话数据和多轮对话数据。图书资料（如百科全书等）则对于模型学习语言知识、建模长期依赖关系以及生成叙述性和连贯的文本具有潜在好处。

- 专用文本数据：这类数据主要用于提升模型在下游任务上的专业能力，包括多语言文本、科学文本、代码和指令等。例如，多语言文本可以帮助大模型更好地理解和生成不同语言的文本；科学文本可以让大模型学习更加严谨和专业的语言表达方式；代码和指令对训练模型进行代码理解与生成任务至关重要。

2.1.1 构造方法

目前，指令数据是常见的大模型训练数据之一。一个指令数据通常由指令（instruction）、输入（input）、输出（output）3 部分组成。需要注意的是，如果在 instruction 部分已经叙述详细任务目标，则 input 部分可以为空。例如下面这个指令数据。

```
instruction: " Please write a poem about the moon"
input:""
output:"..."
```

在如下另一个示例中，在 input 部分填入"moon"。虽然两个示例在形式上并不相同，但它们表达了同一含义。

```
instruction: "Please write a poem about the following topic"
input:"moon"
output:"..."
```

以中文指令数据集为例，数据集的构造方法主要有以下 4 种。

1. 纯人工标注

纯人工标注的数据集由人工构造的问题和答案组成。纯人工标注成本较高，很少被用来生成大批量指令数据。

例如，北京智源人工智能研究院发布的 OL-CC 数据集由上百名志愿者撰写的问题和答案组成。这个数据集的部分内容如下。其中，turns 代表一组多轮对话数据项，role 代表角色，text 代表输入内容（已省略部分内容）。

```
{
    "turns": [
        {
            "role": "user",
```

```
import pandas as pd
data = pd.read_csv("twitter_data.csv")
print(data.head(10))
```

输出结果如图 2-3 所示。

```
      ItemID   Sentiment  SentimentSource  \
0        1          0        Sentiment140
1        2          0        Sentiment140
2        3          1        Sentiment140
3        4          0        Sentiment140
4        5          0        Sentiment140
5        6          0        Sentiment140
6        7          1        Sentiment140
7        8          0        Sentiment140
8        9          1        Sentiment140
9       10          1        Sentiment140


                                       SentimentText
0                    is so sad for my APL frie...
1              I missed the New Moon trail...
2                   omg its already 7:30 :O
3        .. Omgaga. Im sooo  im gunna CRy. I'...
4        i think mi bf is cheating on me!!!   ...
5              or i just worry too much?
6        Juuuuuuuuuuuuuuuuussssst Chillin!!
7   Sunny Again        Work Tomorrow   :-| ...
8   handed in my uniform today . i miss you ...
9        hmmmm.... i wonder how she my number @-)
```

图 2-3　数据集前 10 个数据

可以提取每个推文数据的基本特征之一——单词数量。借助 split() 方法将句子按空格进行切分，并对单词数量进行计数。具体代码如下。输出结果如图 2-4 所示。

```
data['word_count'] = data['SentimentText'].apply(lambda x:len(str(x).split(" ")))
print(data[['SentimentText','word_count']].head())
```

也可以统计每个推文数据的字符数量，具体代码如下。

```
data['char_count']= data['SentimentText'].str.len()
print(data[['SentimentText','char_count']].head())
```

输出结果如图 2-5 所示。

	SentimentText	word_count
0	is so sad for my APL frie...	28
1	I missed the New Moon trail...	25
2	omg its already 7:30 :O	19
3	.. Omgaga. Im sooo im gunna CRy. I'...	36
4	i think mi bf is cheating on me!!! ...	24

	SentimentText	char_count
0	is so sad for my APL frie...	61
1	I missed the New Moon trail...	51
2	omg its already 7:30 :O	37
3	.. Omgaga. Im sooo im gunna CRy. I'...	132
4	i think mi bf is cheating on me!!! ...	53

图 2-4　推文数据的单词数量

图 2-5　推文数据的字符数量

将每个推文数据的字符数量（每条推文数据包含的字母数）除以单词数量，即可得到平均单词长度。具体代码如下。

```
def avg_word(sentence):
    words = sentence.split()
    return (sum(len(word) for word in words)/len(words))

data['avg_word'] = data['SentimentText'].apply(lambda x:avg_word(x))
print(data[['SentimentText','avg_word']].head())
```

输出结果如图 2-6 所示。

2．常用预处理方法

由于文本数据可能来自互联网，而这些数据中可能存在错别字、重复、大小写混乱等问题，因此本节将介绍常用的文本数据预处理方法，以解决这些问题。

	SentimentText	avg_word
0	is so sad for my APL frie...	4.857143
1	I missed the New Moon trail...	4.500000
2	omg its already 7:30 :O	3.800000
3	.. Omgaga. Im sooo im gunna CRy. I'...	3.880000
4	i think mi bf is cheating on me!!! ...	3.333333

图 2-6　平均单词长度

（1）英文字母大小写转化

此处沿用前面的 Twitter 情感文本数据集。通过 lower() 方法可以将数据集中的英文大写字母转换为英文小写字母。通过 upper() 方法可以将数据集中的英文小写字母转换为英文大写字母。例如，lower() 方法的使用方式如下。

```
data['SentimentText']=data['SentimentText'].apply(lambda sen:" ".join(x.lower()
for x in sen.split()))
print(data['SentimentText'].head())
```

输出结果如图 2-7 所示。

```
0                 is so sad for my apl friend.............
1                        i missed the new moon trailer...
2                             omg its already 7:30 :o
3         .. omgaga. im sooo im gunna cry. i've been at ...
4                   i think mi bf is cheating on me!!! t_t
Name: SentimentText, dtype: object
```

图 2-7　将数据集中的英文大写字母转换为英文小写字母

（2）去除标点符号、特殊符号等

由于标点符号、特殊符号在文本数据中不表示任何额外的信息，因此去除标点符号有助于减小训练数据的规模。这里通过 replace() 方法去除字符串中的非字母数字字符（如标点符号、特殊符号等），也可以通过 Re 库进行处理。具体代码如下。

```
data['SentimentText'] = data['SentimentText'].str.replace('[^\w\s]','')
print(data['SentimentText'].head())
```

输出结果如图 2-8 所示。

（3）去除停用词

在某些任务中需要从文本数据中
去除停用词[1]（或常见单词）。可以创
建停用词列表或使用预定义的库，逐
一过滤文本中与停用词列表匹配的项。这里以 NLTK 库提供的停用词列表为例进行测试，具
体代码如下。

```
0                 is so sad for my apl friend............
1                 i missed the new moon trailer...
2                 omg its already 7:30 :o
3    .. omgaga. im sooo im gunna cry. i've been at ...
4                 i think mi bf is cheating on me t_t
Name: SentimentText, dtype: object
```

图 2-8　去除字符串中的非字母数字字符

```
from nltk.corpus import stopwords
stop = stopwords.words('english')
data['SentimentText'] = data['SentimentText'].apply(lambda sen:" ".join(x for x in
sen.split() if x not in stop))
print(data['SentimentText'].head())
```

输出结果如图 2-9 所示。

```
0                      sad apl friend............
1                      missed new moon trailer...
2                      omg already 7:30 :o
3    .. omgaga. im sooo im gunna cry. i've dentist ...
4                      think mi bf cheating t_t
Name: SentimentText, dtype: object
```

图 2-9　去除停用词

（4）去除稀缺词

稀缺词是指在文本数据中较少出现，并且采用不常用表达方式的词语。我们可以首先对
稀缺词进行统计，然后将其直接删除或替换为常见的表达方式。具体代码如下。

```
freq = pd.Series(' '.join(data['SentimentText']).split()).value_counts()[-10:]
print(freq)
data['SentimentText'] = data['SentimentText'].apply(lambda x: " ".join(x for x in
x.split() if x not in freq))
```

图 2-10 展示了稀缺词统计结果。

（5）拼写校正

由于以互联网社交媒体为来源的数据存在大量的拼写错误，
因此，拼写校正是一个十分重要的预处理步骤。此处选用 TextBlob
库进行处理。TextBlob 库可以用来处理多种自然语言处理任务，如

```
wompp         1
see           1
cause         1
else          1
following     1
pretty        1
awesome       1
&lt;---sad    1
level         1
fun           1
```

图 2-10　稀缺词统计结果

1　停用词是指在文本中频繁出现，但对文本的实际意义或主题内容贡献很小或几乎没有贡献的词语。停用词通常包括一
　些功能词，如介词、连词、助词、代词、语气词等，以及一些在文本中高频出现但不具备实际意义的词汇，如"的"
　"了""在""是"等。

词性标注、名词性成分提取、情感分析、文本翻译等。接下来对 Twitter 情感文本数据集的第 5 个至第 9 个推文数据进行拼写校正，具体代码如下。

```
from textblob import TextBlob
print(data['SentimentText'][5:10].apply(lambda x: str(TextBlob(x).correct())))
```

输出结果如图 2-11 所示。

```
5                        or i just worry too much?
6                 Juuuuuuuuuuuuuuuussssst Shilling!!
7        Funny Again        Work Tomorrow  :-| ...
8        handed in my uniform today . i miss you ...
9           homme.... i wonder how she my number @-)
Name: SentimentText, dtype: object
```

图 2-11　拼写校正

由上述结果可以看到，第 5 个推文数据中的 woory 已经被修改为正确的 worry。

3．分词

分词是数据预处理的关键步骤。分词的目的是将原始文本分割为词序列，实现句子到分词 ID 值序列的转换，进而作为大模型的输入。通过分词，我们能够识别出句子的基本单位，使语言模型能够学习这些元素间的组合规律，从而构建出高效的大模型。

常用的分词算法包括 BPE 算法、WordPiece 算法和 ULM 算法等。这些算法各具特色，并在不同场景下展现出优异的效果。

另外，读者还需要了解集成上述算法的大模型词表扩充工具 SentencePiece。通过SentencePiece，我们可以更加便捷地实现词表的扩充与优化，进而提升大模型的性能。

（1）BPE 算法

BPE（Byte Pair Encoding，字节对编码）算法是一种数据压缩算法。Sennrich 等人于 2015年在论文 "Neural Machine Translation of Rare Words with Subword Units" 中将 BPE 算法用于处理 NLP 分词任务[63]。这一创举为 NLP 领域带来了显著的进步。

传统算法在执行过程中会维持固定大小的词表,每次通过 Softmax()函数[1]从词表中选取一个词并输出，直至遇到结束符<EOS>。然而，这种算法存在明显的缺陷。例如，如果某个单词不在词表中，将产生 OOV（Out of Vocabulary，词汇未收录）问题，此时大模型无法生成所需的单词。一种可行的做法是将词表的基本元素由单词级别改为字符级别。虽然这种做法可以表示所有的单词，但是由于粒度过小，难以用于实际训练。

1　Softmax()函数的作用有两种：一种是作为激活函数，可以将数值向量归一化为概率分布向量，而且各个概率之和为 1；另一种是作为神经网络的最后一层，用于多分类问题的输出。

因此，一种折中的 BPE 算法被提出。BPE 算法选取粒度小于单词级别，但大于字符级别的项作为词表中的基本元素。例如，对于单词"unfortunately"，通过 BPE 算法，我们可以将其拆分为多个子词"un""for""tun""ate""ly"。BPE 算法的流程如图 2-12 所示，从字符级别开始，通过不断合并出现频率最高的字符对，逐渐构建出更长的子词。需要注意的是，BPE 算法中的"</w>"符号用来标识子词是词后缀，例如对于子词"st"来说，单词"star"可以被拆分为"st ar</w>"，子词"ar"是词后缀，而对于单词"west"，可能会被拆分为"we st</w>"，子词"st"则变为词后缀。

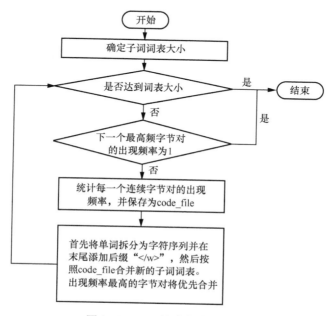

图 2-12　BPE 算法的执行流程

（2）WordPiece 算法

2012 年提出的 WordPiece 算法与 BPE 算法同属于子词分词算法的一种，且均在自然语言处理领域占有重要地位。Schuster 等人在论文"Japanese and Korean Voice Search"[64]中提出 WordPiece 算法。该算法被广泛用于 BERT、DistilBERT[65]等模型中。

从前面的介绍中可以看到，BPE 算法通过迭代方式不断合并高频词语，并以贪心策略逐步构建更长的子词。但 BPE 算法存在的主要问题是，在面对同一单词的多种拆分方式时，BPE 算法往往无法准确评估并选择最合理的拆分方式。在大多数情况下，BPE 算法会简单地选择遇到的第一种拆分方式，这可能导致分词结果并非最优。

相比之下，WordPiece 算法在合并过程中采用了不同的策略。与 BPE 算法关注字符对的频率不同，WordPiece 算法在每次合并时会将似然概率最大的元素进行合并。具体来说，WordPiece 算法计算合并后的概率与合并前的概率之比，以此作为选择合并对象的依据。这种策略使得 WordPiece 算法在处理同一单词的多种拆分方式时更具灵活性和准确性。假设句子 $S = (t_1, t_2, \cdots, t_i, \cdots, t_n)$，表示句子 S 由 n 个子词组成，其中，t_i 表示子词，$i = 1, 2, \cdots, n$，各个子词独立存在，那么句子 S 的似然概率值为所有子词概率的乘积：

$$\log P(S) = \sum_{i=1}^{n} \log P(t_i) \tag{2-1}$$

假设把相邻位置的两个子词 x 和 y 进行合并，合并后产生的子词记为 z，此时句子 S 的似然概率值的变化可表示为：

$$\log P(t_z) - \left(\log P(t_x) + \log P(t_y) \right) = \log \left(\frac{P(t_z)}{P(t_x) P(t_y)} \right) \tag{2-2}$$

需要注意的是，虽然 WordPiece 算法在理论上具有优势，但在实际应用中，WordPiece 算法和 BPF 算法的性能可能因数据集、任务类型等因素而有所不同。所以，在选择分词算法时，需要根据具体场景进行综合考虑。

（3）ULM 算法

ULM（Unigram Language Model，一元语言模型）算法由 Taku Kudo 于 2018 年提出。ULM 算法是一种减量算法。它的计算方式是：首先，初始化一个大词表，该词表包含文本中出现的所有词语和单个字符；其次，利用初始化的大词表，通过暴力枚举或其他高效算法找出所有可能的分词方法，并计算每种分词方法的似然概率，将概率最大的分词结果作为当前文本的分词方式；最后，根据评估准则不断丢弃词表中的冗余数据项（词表中有些词语并没有在分词结果中出现），直到满足预定的条件[66]。这种算法的优点在于，它能够考虑到句子的多种分词可能性，并且输出带有概率的多个子词分段，从而为后续的 NLP 任务提供更多的灵活性。

假设句子 S 的一个分词结果是 $x = (x_1, x_2, \cdots, x_m)$，当前分词下句子 S 的似然概率可以表示为：

$$P(x) = \prod_{i=1}^{m} P(x_i) \tag{2-3}$$

对于句子 S，挑选似然概率最大的项作为分词结果，可以表示为：

$$x^* = \arg\max P(x) \tag{2-4}$$

ULM 算法通过 EM（Expectation-Maximization，期望-最大化）算法来估计每个子词的概率 $P(x_i)$。EM 算法作为经典的迭代优化策略，核心思想是：首先，利用已观测到的数据来估计模型参数，并基于这些参数预测缺失数据的值；其次，将预测出的缺失数据与原始观测数据相结合，对模型参数进行重新估计；随后，这个过程将迭代进行，直至模型参数收敛。在数据存在缺失的情况下，EM 算法能够有效地解决参数估计问题。在 ULM 算法中，那些频繁出现在多个句子分词结果中的子词会被优先保留。这是因为，如果丢弃这些高频子词，将会导致模型在表示句子时产生较大损失，从而影响模型的性能。

通过 EM 算法，ULM 算法不仅能够根据子词在句子中的出现频率来调整词表，而且能够确保所保留的子词在语义表达上的完整性和准确性。这种特性使得 ULM 算法在 NLP 任务中，特别是在处理大规模文本数据时，表现出良好的性能和稳定性。

（4）SentencePiece

如果开发者对模型的分词器的分词效果不满意，可以使用 SentencePiece 自行设计分词器以满足特定需求。例如，LLaMA 模型对中文的支持并不理想，其词表中仅包含几百个中文 Token，导致分词器在中文编码效率上表现不佳。为了提升对中文的支持，我们可以在中文语料上训练中文分词器模型，将其与 LLaMA 模型原始的分词器合并，并重新进行预训练。

常见的模型如 LLaMA、ChatGLM-6B、BLOOM 的分词器都依靠 SentencePiece 实现。下面介绍 SentencePiece 的基本使用方法，帮助初学者快速入门分词训练。首先，通过如下代码安装 SentencePiece 和所需的构建工具。

```
pip install sentencepiece
apt-get install cmake build-essential pkg-config libgoogle-perftools-dev
```

通过如下代码克隆 Google 公司的 SentencePiece 仓库中的内容，然后进入 sentencepiece 目录。

```
git clone GitHub 网站中 sentencepiece.git 的 URL 地址[1]
cd sentencepiece
```

通过如下代码创建 build 目录并安装命令行工具。

```
mkdir build
cd build
cmake ..
make -j $(nproc)
make install
ldconfig -v
```

SentencePiece 的使用方式分为两部分——训练模型和使用模型。在训练阶段，开发者可以通过任意文本训练模型，得到模型文件和词表文件。此处选择《红楼梦》（见本书配套资料）作为模型的训练语料。训练代码如下。

```
spm_train --input = hongloumeng.txt --model_prefix = hongloumeng-tokenizer --vocab_
size = 1000 --character_coverage = 0.9995 --model_type = bpe
```

其中，参数说明如表 2-1 所示。

---

1 这里未给出具体 URL 地址，读者可通过搜索引擎查找，后同。

表 2-1 参数说明

名称	说明
input	训练所需的语料文件，也可传递以逗号分隔的文件列表
model_prefix	输出模型名称前缀，训练完成后将生成<model_name>.model 和<model_name>.vocab 两个文件
vocab_size	训练后的词表大小，例如 8000、16 000 或 32 000
character_coverage	模型覆盖的字符数量，对于字符集丰富的语言（如中文），推荐值为 0.9995，对于其他字符集较小的语言，推荐值为 1.0
model_type	模型类型，可选值有 unigram（默认）、bpe、char 或 word

训练完成后，项目的根目录下会生成 model（模型）和 vocab（词表）两个文件。可通过如下命令查看词表（如图 2-13 所示，此处只查看前 40 个数据）。

```
head -n40 hongloumeng-tokenizer.vocab
```

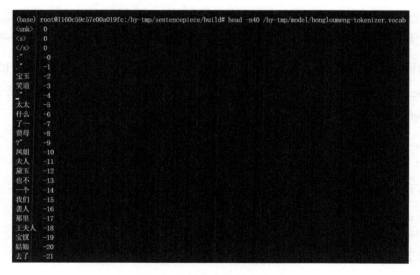

图 2-13 词表中的部分数据

接下来使用 load()方法加载已训练好的模型。具体代码如下。

```
import sentencepiece as spm
sp = spm.SentencePieceProcessor()
sp.load('hongloumeng-tokenizer.model')
```

encode_as_pieces()方法用于对句子进行分词，而 encode_as_ids()方法则可以将句子转化为 ID 序列（因为词表的每个单词均有 ID 值）。具体代码如下。

```
print(sp.encode_as_pieces('花果山福地，水帘洞洞天'))
print(sp.encode_as_ids('花果山福地，水帘洞洞天'))
```

输出结果如下。

```
['▁','花','果','山','福','地','，','水','帘','洞','洞','天']
[896, 1046, 1171, 1340, 1610, 1103, 892, 1190, 1600, 2413, 2413, 1002]
```

同时，也可以通过 decode_pieces() 方法和 decode_ids() 方法将分词结果进行还原，具体代码如下。

```
print(sp.decode_pieces(['_', '花', '果', '山', '福', '地', ',', '水', '帘', '洞',
'洞', '天']))
print(sp.decode_ids([896, 1046, 1171, 1340, 1610, 1103, 892, 1190, 1600, 2413,
2413, 1002]))
```

输出结果如下。

```
花果山福地,水帘洞洞天
花果山福地,水帘洞洞天
```

2.1.4　常用类库

本节介绍文本数据预处理的常用类库，主要包括正则化处理库 Re 以及科学计算库 NumPy 和 pandas。

1. Re 库

Re 库是 Python 语言中一个功能强大的正则表达式处理库，它提供了多种正则化处理辅助函数，可以帮助开发者在数据预处理阶段高效地过滤无用信息。下面将详细介绍 Re 库的使用步骤，以及相关的函数和用法。

步骤 1：通过 compile() 方法将字符串形式的正则表达式编译为一个 Pattern 对象。

步骤 2：通过 Pattern 对象提供的一系列方法，可以对文本进行匹配查找，并获得匹配结果。常用的方法包括 match()、search()、findall() 等。这些方法可以接受字符串参数，表示进行匹配的文本，并返回一个 Match 对象或匹配结果的列表。

步骤 3：通过 Match 对象提供的属性和方法获得匹配的详细信息，并根据需要进行其他操作。

具体方法及用法如下。

（1）compile() 方法

compile() 方法用于编译正则表达式，生成 Pattern 对象。一般语法如下。

```
re.compile(pattern[, flag])
```

其中，参数 pattern 表示字符串形式的正则表达式，参数 flag 表示匹配模式的可选参数。

假设我们已将一个正则表达式编译为 Pattern 对象，接下来利用 Pattern 的一系列方法对文本进行匹配查找。具体代码如下。

```
import re
pattern = re.compile(r'\d+')
```

（2）search()方法

search()方法用于在字符串中搜索正则表达式匹配到的第一个位置的值，并返回匹配到的对象。具体代码如下（此处我们需要搜索字符串中的整数）。

```
import re
my_str ='梦想 123456'
pattern = re.compile(r'\d+')
ret = re.search(pattern,my_str)
print(ret)
```

输出结果如下。

```
<re.Match object; span = (3, 9), match = '123456'>
```

（3）match()方法

match()方法用于在目标字符串开始位置匹配正则表达式，并返回 Match 对象，若未匹配成功则返回 None。例如，当 pattern 的值为"梦"时，可以匹配到数据，若改为"good"则匹配不到数据。具体代码如下。

```
import re
my_str = '梦想 good good'
pattern = re.compile(r'梦')
ret = re.match(pattern, my_str)
print(ret)
```

输出结果如下。

```
<re.Match object; span = (0, 1), match = '梦'>
```

（4）findall()方法

findall()方法用于搜索字符串，并以列表形式返回匹配到的全部字符串。具体代码如下。

```
import re
my_str = '梦想 good good'
pattern = re.compile(r'good')
ret = re.findall(pattern, my_str)
print(ret)
```

输出结果如下。

```
['good', 'good']
```

（5）split()方法

split()方法将一个字符串按照正则表达式匹配的结果进行分割，并以列表形式返回数据。如果正则表达式匹配到的字符恰好在字符串开头或者结尾，则返回的分割后的字符串列表首尾元素都为空项，此时需要手动去除空项。具体代码如下。

```
import re
my_str = '1 梦想 1good1good1'
pattern = re.compile(r'\d')
ret = re.split(pattern, my_str)
print(ret)
```

输出结果如下。

```
['', '梦想', 'good', 'good', '']
```

如果改为分割字符串中间的内容，则不会产生多余的空格。具体代码如下。

```
import re
my_str = '1 梦想 1good1good1'
pattern = re.compile(r'good')
ret = re.split(pattern, my_str)
print(ret)
```

输出结果如下。

```
['1 梦想 1', '1', '1']
```

（6）sub()方法

sub()方法用于在一个字符串中替换被正则表达式匹配到的字符串，并返回替换后的字符串。在下面的示例中，可以将原字符串中的数字替换为"222"。

```
import re
my_str = '1 梦想 1good1good1'
pattern = re.compile(r'\d+')
new_str = re.sub(pattern, "222", my_str)
print(new_str)
```

输出结果如下。

```
222 梦想 222good222good222
```

2. NumPy

NumPy 是 Python 语言中一个重要的扩展程序库，专门用于处理高维度数组与矩阵运算，并提供了丰富的数学函数。NumPy 的前身为 Numeric，最早由 Jim Hugunin 等人开发。2005 年，Travis Oliphant 在 Numeric 中结合了另一个同性质的扩展程序库 Numarray 的特性，并加入了其他扩展内容，进而开发了 NumPy，使其成为一个更加强大和灵活的数学工具库。

NumPy 的核心概念是 N 维数组，称为 ndarray。ndarray 描述了相同类型的元素集合，可以使用基于 0 的索引访问集合中的元素。ndarray 中的每个元素在内存中使用相同大小的块。

从 ndarray 对象提取的任何元素都可以由一个数组标量类型的 Python 对象表示。ndarray 的关键用法如下。

（1）创建 ndarray

ndarray 是一个快速且灵活的大数据集容器。开发者可以通过 ndarray 对整块数据执行数学运算，从而高效地处理和分析数据。ndarray 的属性如表 2-2 所示。

表 2-2　ndarray 的属性

属性名称	属性解释
ndarray.shape	数组的维度
ndarray.ndim	数组的维数
ndarray.size	数组中的元素数量
ndarray.itemsize	数组元素的长度
ndarray.dtype	数组元素的类型

创建 ndarray 的方式有多种，具体如下。

通过列表生成一维数组，并输出数据类型。具体代码如下。

```python
import numpy as np
data = [1,2,3,4,5,6]
x = np.array(data)
print(x)
print(x.dtype)
```

输出结果如下。

```
[1 2 3 4 5 6]
int32
```

通过 zeros()方法创建一个长度为 6、元素均为 0 的一维数组。具体代码如下。

```python
x = np.zeros(6)
print(x)
```

输出结果如下。

```
[0. 0. 0. 0. 0. 0.]
```

通过 zeros()方法创建一个一维长度为 2、二维长度为 3 的二维零数组。具体代码如下。

```python
x = np.zeros((2, 3))
print(x)
```

输出结果如下。

```
[[0. 0. 0.]
 [0. 0. 0.]]
```

通过 ones()方法创建一个一维长度为 2、二维长度为 3、元素均为 1 的二维数组。具体代码如下。

```
x = np.ones((2, 3))
print(x)
```

输出结果如下。

```
[[1. 1. 1.]
 [1. 1. 1.]]
```

通过 arange()方法生成连续元素。具体代码如下。

```
print(np.arange(6))
```

输出结果如下。

```
[0 1 2 3 4 5]
```

（2）ndarray 的矢量运算

矢量运算是指把大小相同的数组间的运算应用在数组的各个元素上。具体代码如下。

```
x = np.array([1, 2, 3])
print(x * 2)
print(x > 2)
y = np.array([3, 4, 5])
print(x + y)
print(x > y)
```

输出结果如下。

```
[2 4 6]
[False False True]
[4 6 8]
[False False False]
```

（3）ndarray 数组的转置和轴变换

ndarray 数组的转置和轴变换只会返回原数组的一个视图，不会对原数组进行修改。具体操作如下。

获取转置（矩阵）数组的代码如下。

```
k = np.arange(9)
m = k.reshape((3, 3))
print(m)
print(m.T)
```

输出结果如下。

```
[[0 1 2]
 [3 4 5]
 [6 7 8]]
[[0 3 6]
 [1 4 7]
 [2 5 8]]
```

获取数组及其转置数组的乘积的代码如下。

```
m = np.arange(9).reshape((3, 3))
print(np.dot(m, m.T))
```

输出结果如下。

```
[[  5  14  23]
 [ 14  50  86]
 [ 23  86 149]]
```

transpose()方法用于对数组进行轴变换操作，也就是将数组的维度进行互换。这个方法将返回一个新的视图，而不会改变原始数组。使用方式如下。

```
numpy.transpose(a, axes=None)
```

其中，参数 a 代表需要进行轴变换的数组，参数 axes 是一个可选的元组，用于指定转换后的轴顺序。如果没有提供 axes 参数或者设为 None，那么数组的轴将按照逆序重新排列（例如，对于二维数组，行变为列，列变为行）；如果提供 axes 参数，那么它的长度必须与数组的维度相同，并且包含从 0 到 $n-1$ 的整数，其中，n 是数组的维度。

获取高维数组的轴变换的代码如下。

```
import numpy as np
k = np.arange(8).reshape(2, 2, 2)
print(k)
m = k.transpose((1, 0, 2))
print(m)
```

输出结果如下。

```
[[[0 1]
  [2 3]]
 [[4 5]
  [6 7]]]
[[[0 1]
  [4 5]]
 [[2 3]
  [6 7]]]
```

将数组的第 1 个轴和第 2 个轴进行交换的代码如下。其中，swapaxes()方法用于交换数组两个轴。

```
import numpy as np
k = np.arange(8).reshape(2, 2, 2)
print(k)
m = k.swapaxes(0, 1)
print(m)
```

输出结果如下。

```
[[[0 1]
  [2 3]]
 [[4 5]
  [6 7]]]
[[[0 1]
  [4 5]]
 [[2 3]
  [6 7]]]
```

3. pandas

pandas 是 Python 的一个数据分析库，最初由 AQR Capital Management 于 2008 年开发，并于 2009 年开源，后期由专注 Python 数据包开发的 PyData 开发团队继续开发和维护。

由于 pandas 最初被作为金融数据分析工具，因此它可以为时间序列分析提供良好支持。由于 pandas 纳入了多种标准的数据模型，可以提供大量帮助开发者快速、便捷处理数据的函数和方法，因此它是使 Python 成为强大而高效的数据分析编程语言的重要因素之一。同时，pandas 提供灵活、准确的数据结构，旨在更好地处理关系型、标记型数据。

pandas 主要有 Series（一维数组）和 DataFrame（二维数组）两种数据结构。

（1）Series

Series 用于存储一行或一列的数据，以及与数据相关的索引的集合。一般语法如下。

```
Series(data = [数据 1，数据 2，…], index = [索引 1，索引 2，…])
```

例如，首先导入 pandas 并定义一个 Series，其中包含数据 a、b、c 以及相应的索引 1、2、3。然后通过位置或索引访问数据，例如输出 x[3]，程序将返回 "c"。具体代码如下。如果省略 Series 的索引值，则索引值默认从 0 开始，另外也可以指定索引值。

```
import pandas as pd
x = pd.Series(['a', 'b', 'c'], [1, 2, 3])
print(x)
```

输出结果如下。

```
1    a
2    b
3    c
dtype: object
```

除了使用标量创建 Series 的方法以外，还可以使用字典类型和 ndarray 类型创建 Series。
具体代码如下。

```
import pandas as pd
import numpy as np
# 使用字典类型创建 Series
x = pd.Series({'a': 1, 'b': 2, 'c': 3})
# 使用 ndarray 类型创建 Series
y = pd.Series(np.arange(5), np.arange(9, 4, -1))
print(x)
print(y)
```

输出结果如下。

```
a    1
b    2
c    3
dtype: int64
9    0
8    1
7    2
6    3
5    4
dtype: int32
```

与其他 Python 数据类型一样，Series 也可以对数据进行添加、切片、删除、修改等操作。
具体代码如下。其中，参数 inplace 表示就地修改。

```
import pandas as pd
x = pd.Series(['Jack', 'Tony', 'Jim'], ['1', '2', '3'])
x['4'] = 'Danny'  # 添加
print(x)
x = x[1:4]  # 切片
print(x)
x.drop(labels='2',inplace=True)  # 删除
print(x)
x.loc['4'] = 'Lucy'  # 修改
print(x)
```

输出结果如下。

```
1        Jack
```

```
2      Tony
3       Jim
4     Danny
dtype: object
2      Tony
3       Jim
4     Danny
dtype: object
3       Jim
4     Danny
dtype: object
3       Jim
4      Lucy
dtype: object
```

Series 的 sort_index(ascending = True)方法可以对索引进行排序操作，其中，参数 ascending 用于控制升序或降序（默认为升序）。可以在 Series 上调用 reindex()方法进行重新排序，以使得它符合新的索引。具体代码如下。

```
x = pd.Series([4, 7, 3, 2], ['b', 'a', 'd', 'c'])
y = x.reindex(['a', 'b', 'c', 'd', 'e'])
print(y)
```

输出结果如下。

```
a    7.0
b    4.0
c    2.0
d    3.0
e    NaN
dtype: float64
```

如果索引对应的值不存在，则引入默认数据值 0。具体代码如下。

```
x = pd.Series([4, 7, 3, 2], ['b', 'a', 'd', 'c'])
y = x.reindex(['a', 'b', 'c', 'd', 'e'])
z = x.reindex(['a','b','c','d','e'], fill_value = 0)
print(z)
```

输出结果如下。

```
a    7
b    4
c    2
d    3
e    0
dtype: int64
```

由于 Series 本质上是 NumPy 数组，因此 NumPy 的数组处理函数可以直接对 Series 进行处理。Series 还包含了与字典相似的特性，可以使用标签存取元素。

（2）DataFrame

DataFrame 是用于存储多行和多列的数据集合。它可以作为 Series 的容器，采用了类似于 Excel 电子表格的二维表格形式。DataFrame 的主要操作包括增、删、改、查。

示例代码如下。

```
from pandas import Series
from pandas import DataFrame
df = DataFrame({'name': Series(['Ken', 'Kate', 'Jack']), 'age': [21, 18, 15]})
print(df)
```

输出结果如下。

```
    name  age
0   Ken    21
1   Kate   18
2   Jack   15
```

若要使用 DataFrame，首先从 pandas 库导入 DataFrame 包。DataFrame 的数据访问方式如表 2-3 所示。

表 2-3　DataFrame 的数据访问方式

访问位置	方法	含义
列	变量名[列名]	访问对应的列的数据
行	变量名[n:m]	访问第 n 行到第 $m-1$ 行的数据
行和列（块）	变量名.iloc[n_1: n_2, m_1: m_2]	访问第 n_1 行到第 n_2-1 行、第 m_1 列到第 m_2-1 列的数据
指定位置	变量名.at[行名, 列名]	访问（行名，列名）位置的数据

具体示例如下。

获取 age 列的数据。具体代码如下。

```
from pandas import Series
from pandas import DataFrame
df = DataFrame({'name': Series(['Ken', 'Kate', 'Jack']), 'age': Series([21, 18, 15])})
print(df['age'])
```

输出结果如下。

```
0    21
1    18
2    15
Name: age, dtype: int64
```

获取第 1 行的数据。具体代码如下。

```
df = DataFrame({'name': Series(['Ken', 'Kate', 'Jack']), 'age': Series([21, 18, 15])})
print(df[1:2])
```

输出结果如下。

```
    name  age
1   Kate   18
```

获取第 0 行到第 1 行、第 0 列到第 1 列的数据。具体代码如下。

```
df = DataFrame({'name': Series(['Ken', 'Kate', 'Jack']), 'age': Series([21, 18, 15])})
print(df.iloc[0:2, 0:2])
```

输出结果如下。

```
    name  age
0    Ken   21
1   Kate   18
```

获取第 0 行、第 1 列的数据。具体代码如下。

```
from pandas import Series
from pandas import DataFrame
df = DataFrame({'name': Series(['Ken', 'Kate', 'Jack']), 'age': Series([21, 18, 15])})
print(df.at[0, 'age'])
```

输出结果如下。

```
21
```

当访问某一行时，不能仅用行的索引值。例如，访问 df 的索引值为 1 的行，不能写成 df[1]，而要写成 df[1:2]。

2.2 图像数据预处理

本节将通过图像去噪、图像重采样和图像增强 3 种技术讲解图像数据的预处理过程。经过预处理的图像能够更好地反映数据的特征，以便模型学习。

在图像采集、传输或存储过程中，往往不可避免地会引入各种噪声，如随机噪点、纹理干扰和划痕等。这些噪声不仅降低图像的质量，而且可能对后续的图像分析和处理造成严重影响。因此，图像去噪成为预处理中的重要环节。通过采用先进的去噪算法，我们能够有效地滤除这些噪声成分，从而显著提升图像的整体清晰度和辨识度。

当面对不同分辨率或像素数量的图像处理需求时，图像重采样技术显得尤为重要。通过重采样，我们可以方便地将图像调整到所需的尺寸或像素密度，以满足特定的应用要求。在这一过程中，重采样算法的选择和设计将直接影响处理后图像的质量和细节保留程度。

此外，图像增强技术则主要针对由环境因素（如光照条件、拍摄视角等）导致的图像质量下降问题。这些问题往往使得图像中的关键信息被掩盖或难以辨识。为了解决这一问题，我们可以采用诸如直方图均衡化等图像增强方法，来突出图像中的特定特征、提升整体对比度，并使得图像更加易于分析和理解。

2.2.1   图像去噪

在采集的原始医学图像中，噪点会影响图像的质量，从而增加模型对细节进行识别和分析的难度。此时需要选择合适的手段，以消除或减少图像中的噪声。图 2-14 展示了图像去噪前后的对比。

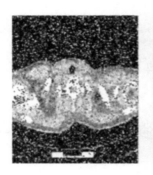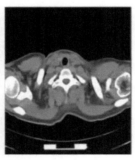

（a）去噪前　　　　　　　　（b）去噪后

图 2-14　图像去噪前后的对比

在图像去噪领域，平滑是一种被广泛采用的方法。它主要可以分为两个类别——空间域去噪法和频域去噪法。

频域分析通过将图像从空间域转换到频率域，从而将图像分解为从低频到高频的不同部分。低频部分对应图像亮度或灰度变化较小的区域，而高频部分则对应图像强度变化较大的区域，即图像中的细节和边缘部分。滤波器也是频域分析中的常用工具，它可以增强图像中某些波段或阻塞（或降低）其他频率波段。例如，低通滤波器用来消除图像的高频部分，它可以使图像变得更加平滑，但同时也可能会损失一些细节信息；而高通滤波器则消除低频部分，它可以突出图像中的细节和边缘信息，但同时也可能会增加图像的噪声。各个滤波概念之间的关系如图 2-15 所示。

1.　空间域去噪法

空间域去噪法是指通过不同的图像平滑模板对原始图像进行卷积处理的方法。这一过程可以理解为直接修改图像中像素的灰度值，旨在抑制或消除图像中的噪声。常用的空间域去噪法包括高斯滤波、算术均值滤波和中值滤波。

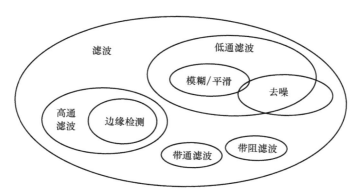

图 2-15 各个滤波概念之间的关系

均值滤波是一种线性滤波方法。该算法会在图像上对目标像素给定模板。这个模板通常是围绕目标像素的邻近像素集合，例如以目标像素为中心的周围 8 个像素构成 1 个滤波模板。模板会形成 1 个滤波窗口，利用模板中各个像素的平均值来替代原来的像素值。

与均值滤波相反，中值滤波是一种非线性滤波方法。它将每个像素的灰度值替换为其邻域窗口内所有像素灰度值的中值。中值滤波对于消除椒盐噪声等离散噪声特别有效，因为它能够保留图像的边缘信息。中值滤波的执行过程如图 2-16 所示。

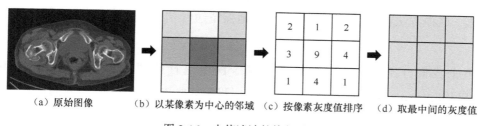

（a）原始图像　（b）以某像素为中心的邻域　（c）按像素灰度值排序　（d）取最中间的灰度值

图 2-16 中值滤波的执行过程

下面对中值滤波的执行过程进行说明。

首先，选取原始图像中的以某个像素为中心的邻域，或称为子区域。如图 2-16（c）所示，将该子区域的所有灰度值按从大到小的顺序进行排列，取最中间的灰度值。由于最中间的灰度值为 2，因此将该区域的灰度值均改为 2，如图 2-16（d）所示。

OpenCV 库是一个跨平台的计算机视觉和机器学习软件库，它提供了丰富的图像处理函数和算法。不同滤波方法对相同图片进行处理的代码如下。其中，blur_demo()方法表示均值滤波（适合去除随机噪声），median_blur_demo()方法表示中值滤波（适合去除椒盐噪声）。

```
import cv2
import numpy as np
```

```
def blur_demo(image):
    dst = cv2.blur(image, (1, 15))
    cv2.imshow("avg_blur_demo", dst)
def median_blur_demo(image):
    dst = cv2.medianBlur(image, 5)
    cv2.imshow("median_blur_demo", dst)
src = cv2.imread("读者的本地图像文件地址")
img = cv2.resize(src,None,fx = 0.8,fy = 0.8,interpolation = cv2.INTER_CUBIC)
cv2.imshow('input_image', img)
blur_demo(img)
median_blur_demo(img)
cv2.waitKey(0)
cv2.destroyAllWindows()
```

除了上述两种滤波方法以外，高斯双边滤波和均值迁移滤波也是常用的边缘保留滤波方法。高斯双边滤波是一种非线性滤波方法。该方法同时考虑图像的空间邻近度和像素值相似度。这意味着，在进行滤波处理时，它不仅能够根据像素间的空间距离来调整滤波效果，而且能够根据像素灰度值的相似性进一步优化结果。因此，高斯双边滤波在去除噪声的同时，能够很好地保持图像的边缘细节。然而，需要注意的是，由于该方法保留了较多的高频信息，因此它在处理彩色图像时可能无法有效去除高频噪声，而主要对低频信息进行滤波处理。

均值迁移滤波通过计算某一区域内像素的均值来替代那些与该均值差异超过一定范围的像素。这种方法在处理图像时能够很好地保留边缘信息，处理后的图像往往呈现油画效果。

接下来我们分别使用这两种方法对同一图像进行处理，具体代码如下。其中，pyrMeanShiftFiltering()方法表示均值迁移滤波。我们需要依次向该方法传入的参数包括图像存储地址、像素窗口空间半径（值越大，表示丢失的细节越多）、颜色选择的范围。bilateralFilter()方法可以对图像进行高斯双边滤波。我们需要依次向该方法传入的参数包括图像存储地址、每个像素邻域的直径、颜色空间的标准差、坐标空间的标准差。

```
import cv2
def bi_demo(image):
    dst = cv2.bilateralFilter(image, 0, 100, 5)
    cv2.imshow("bi_demo", dst)
def shift_demo(image):
    dst = cv2.pyrMeanShiftFiltering(image, 10, 50)
    cv2.imshow("shift_demo", dst)
src = cv2.imread('读者的本地图像文件地址')
img = cv2.resize(src,None,fx = 0.8,fy = 0.8,
                 interpolation = cv2.INTER_CUBIC)
cv2.imshow('input_image', img)
bi_demo(img)
```

```
shift_demo(img)
cv2.waitKey(0)
cv2.destroyAllWindows()
```

高斯滤波可以看作一种特殊的均值迁移滤波，只是在计算方式上，它按照加权平均数的方式进行处理。具体来说，邻域内每个像素对目标像素的贡献是根据它们之间的距离来确定的，距离越近的像素获得的权重越大，而距离较远的像素则获得较小的权重。这种加权方式可以确保滤波过程既平滑了图像又尽可能地保留图像细节。正态分布的密度函数叫作高斯函数，如式（2-5）所示。其中，μ是x的均值（此处取μ为 0），σ是x的方差。根据一维高斯函数，推导出的二维高斯函数如式（2-6）所示。该式可以计算像素之间的权重。

$$G(x) = \frac{1}{\sqrt{2\pi}\sigma} e^{-\frac{x^2}{2\sigma^2}} \tag{2-5}$$

$$G(x,y) = \frac{1}{2\pi\sigma^2} e^{-\frac{x^2+y^2}{2\sigma^2}} \tag{2-6}$$

高斯滤波对图像进行处理的代码如下。首先，通过自定义的 gaussian_noise()方法为图像增加高斯噪声，然后通过 cv2 库提供的 GaussianBlur()方法去除高斯噪声。

```
import cv2
import numpy as np
def clamp(pv):
    if pv > 255:
        return 255
    if pv < 0:
        return 0
    else:
        return pv
def gaussian_noise(image):
    h, w, c = image.shape
    for row in range(h):
        for col in range(w):
            s = np.random.normal(0, 20, 3)
            b = image[row, col, 0]
            g = image[row, col, 1]
            r = image[row, col, 2]
            image[row, col, 0] = clamp(b + s[0])
            image[row, col, 1] = clamp(g + s[1])
            image[row, col, 2] = clamp(r + s[2])
    cv2.imshow("noise image", image)
src = cv2.imread('读者的本地图像文件地址')
cv2.imshow('input_image', src)
gaussian_noise(src)
dst = cv2.GaussianBlur(src, (15,15), 0)
```

```
cv2.imshow("Gaussian_Blur2", dst)
cv2.waitKey(0)
cv2.destroyAllWindows()
```

2．频域去噪法

频域去噪法以频域的角度对图像进行处理，首先对相应系数进行变换，然后将处理得到的图像进行逆变换，如傅里叶变换和小波变换等。通过频域去噪法，开发者可以去除图像中的一些高频或低频信息。

2.2.2　图像重采样

在医学图像领域，由于病人个体之间存在差异，在处理过程中会导致图像变形失真，因此可以通过修改图像尺寸的方法（即改变图像的长和宽）来进行重采样。其中，将放大图像称为上采样（Upsampling）或插值，缩小图像称为下采样（Downsampling）。

接下来以胰腺分割数据集中的 PANCREAS_0015.nii.gz（见本书配套资料）为例讲解体素这一概念。

在胰腺分割数据集中，Spacing 表示原始图像体素的大小。以 PANCREAS_0015.nii.gz 数据为例，Spacing 的值为（0.78125, 0.78125, 1.0），可以将其等效于长、宽、高分别为 0.78125、0.78125、1.0 的长方体。Size 表示原始图像的大小，该数据集的原始 Size 值为（512, 512, 247），表示原始图像在 X 轴、Y 轴和 Z 轴中的体素大小。将原始图像的 Size 值与 Spacing 值相乘可以得到真实的 3D 图像大小。但在重采样的过程中，图像重采样只修改体素的大小，而真实的图像大小保持不变，因此需要对应修改 Size 值。例如，此时将原始图像的 Spacing 值改为（1.0, 1.0, 2.0）时，对应的 Size 值应该变为（（512×0.78125）/ 1.0,（512×0.78125）/ 1.0,（247×1）/ 2.0），即（400, 400, 124）[1]。

图像重采样的操作过程可以分为 3 个步骤。第一步，使用 SimpleITK 库（该库是专门处理医学影像的算法与工具，ITK 的简化接口）读取数据，获取原始图像对应的 Spacing 值和 Size 值。第二步，将原始图像的大小除以新的 Spacing 值以得到新的 Size 值。第三步，将新的 Spacing 值和 Size 值赋值到读取的数据即可。

接下来介绍具体的实现代码。

首先，定义相关类库以及 resample_image()方法。此处设置的输出 Spacing 值为 1.0、1.0 和 2.0。具体代码如下。

```
import SimpleITK as sitk
import numpy as np
```

1　其中的 124 是四舍五入后的结果。

```
def resample_image(itk_image, out_spacing = [1.0, 1.0, 2.0]):
    original_spacing = itk_image.GetSpacing()
    original_size = itk_image.GetSize()
    out_size = [
        int(np.round(original_size[0] * original_spacing[0] / out_spacing[0])),
        int(np.round(original_size[1] * original_spacing[1] / out_spacing[1])),
        int(np.round(original_size[2] * original_spacing[2] / out_spacing[2]))
    ]
    resample = sitk.ResampleImageFilter()
    resample.SetOutputSpacing(out_spacing)
    resample.SetSize(out_size)
    resample.SetOutputDirection(itk_image.GetDirection())
    resample.SetOutputOrigin(itk_image.GetOrigin())
    resample.SetTransform(sitk.Transform())
    resample.SetDefaultPixelValue(itk_image.GetPixelIDValue())
    resample.SetInterpolator(sitk.sitkBSpline)
    return resample.Execute(itk_image)
```

随后，读取数据，并输出重采样后的图像数据。具体代码如下。

```
gz_path = 'PANCREAS_0015.nii.gz'
print('测试文件名为: ', gz_path)
Original_img = sitk.ReadImage(gz_path)
print('原始图像的 Spacing: ', Original_img.GetSpacing())
print('原始图像的 Size: ', Original_img.GetSize())
Resample_img = resample_image(Original_img)
print('经过重采样之后图像的 Spacing 是: ', Resample_img.GetSpacing())
print('经过重采样之后图像的 Size 是: ', Resample_img.GetSize())
```

输出结果如图 2-17 所示。

```
测试文件名为:    dataset/PANCREAS_0015.nii.gz
原始图像的Spacing:  (0.78125, 0.78125, 1.0)
原始图像的Size:  (512, 512, 247)
经过重采样之后图像的Spacing是:  (1.0, 1.0, 2.0)
经过重采样之后图像的Size是:  (400, 400, 124)
```

图 2-17　重采样之后的结果

从处理后的图像质量角度来看，经过图像重采样后图像质量没有发生明显变化。

2.2.3　图像增强

图像增强是指根据图像特点和处理目的突出图像中观察者感兴趣的区域及特征，最大限度地保留图像边界和结构信息，提高图像的可判读性，改善图像质量。图像增强有助于医务人员分析医学图像，并从中获得有价值的信息。常用的图像增强方法包括直方图均衡化、对比度拉伸等。可以根据图像增强的目的选择合适的方法。

1. 直方图均衡化

灰度直方图是图像处理中一种重要的分析工具，它能够展示图像的灰度分布范围和每个灰度级别的像素数量。通过直方图，我们可以直观地了解图像的整体明暗程度和对比度等概貌性特征。具体而言，灰度直方图的横轴代表灰度级别，纵轴则代表该灰度级别在图像中出现的频数或概率。

在一幅灰度图像中，每一个灰度值出现的概率都不相同。这种不均等性有时会导致图像中的某些细节信息不够突出，难以被观察者直接察觉。为了改善这一情况，我们可以采用直方图均衡化方法，它通过调整图像的灰度分布，使得变换后的图像中每个灰度级别出现的概率大致相等。这样一来，图像的对比度得到增强，原先难以察觉的细节信息也得以凸显。

在 OpenCV 库中，我们可以使用 cv2.equalizeHist() 方法来实现直方图均衡化操作。这个方法的输入是一幅灰度图像，输出则是经过直方图均衡化处理的图像。具体代码如下。

```
import cv2
import numpy as np
from matplotlib import pyplot as plt
img = cv2.imread('读者的本地图像文件地址',0)
equ = cv2.equalizeHist(img)
res = np.hstack((img,equ))
cv2.imshow('img',res)
cv2.waitKey()
cv2.destroyAllWindows()
```

在 CLAHE 有限对比适应性直方图均衡化下，整幅图像首先会被分成很多个小块（称为 Tiles，在 OpenCV 库中 Tiles 的默认大小是 8 像素×8 像素），然后再对每一个小块进行直方图均衡化。如下代码可以测试 CLAHE 有限对比适应性直方图均衡化方法的处理效果。

```
import numpy as np
import cv2
img = cv2.imread('读者的本地图像文件地址',0)
clahe = cv2.createCLAHE(clipLimit = 2.0, tileGridSize = (8,8))
cl1 = clahe.apply(img)
cv2.imwrite('clahe_2.jpg',cl1)
```

同时，还可以对彩色图像进行直方图均衡化。具体代码如下。其中，split() 方法表示通道分解（可以将 3 通道 BGR 彩色图像分离为 B、G、R 单通道图像），merge() 方法表示通道合成。

```
import cv2
import numpy as np
img = cv2.imread('读者的本地图像文件地址',1)
(b,g,r) = cv2.split(img)
bH = cv2.equalizeHist(b)
```

```
gH = cv2.equalizeHist(g)
rH = cv2.equalizeHist(r)
result = cv2.merge((bH,gH,rH),)
res = np.hstack((img,result))
cv2.imshow('dst',res)
cv2.waitKey(0)
```

在医学领域中,经过直方图均衡化的图像可以提供更好的效果。例如,待处理的原始图像及其灰度直方图如图 2-18 和图 2-19 所示。

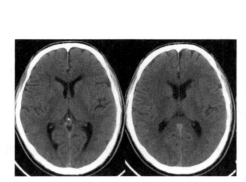

图 2-18 原始图像

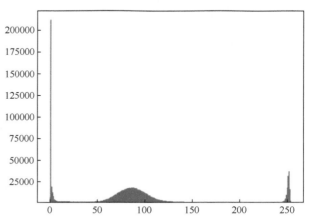

图 2-19 均衡化前的灰度直方图

经过直方图均衡化后,得到的输出图像如图 2-20 和图 2-21 所示。可以看到,图像的灰度值更加平均,图像的细节呈现也更加清晰,方便模型进一步学习。

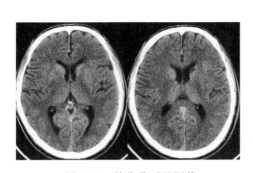

图 2-20 均衡化后的图像

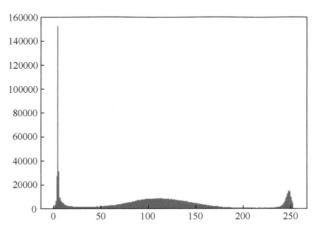

图 2-21 均衡化后的灰度直方图

2. 对比度拉伸

对比度拉伸是基于灰度变换的一种图像增强方法。具体做法为将图像的灰度值从一个很窄的区间拉伸到一个较大的区间,使得图像的亮度达到理想的状态。这种处理方法对于改善那些因光照不足或设备限制而导致灰度值分布过于集中的图像尤为有效。如图 2-22 和图 2-23 所示,在进行对比度拉伸处理前,原始图像非常灰暗,灰度值集中在 20~100。

图 2-22   原始图像

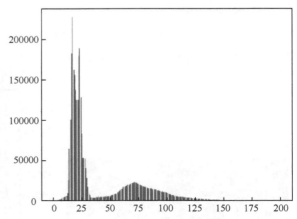

图 2-23   对比度拉伸前的灰度直方图

此时,采用对比度拉伸方法对原始图像进行处理。从图 2-24 和图 2-25 所示的处理结果可以看出,对比度拉伸后的图像的灰度值范围扩大为 0~200。

图 2-24   对比度拉伸后的图像

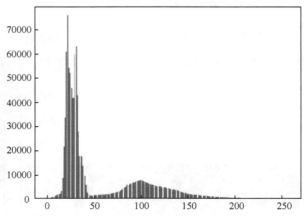

图 2-25   对比度拉伸后的灰度直方图

2.3   图文对数据预处理

2021 年 1 月,OpenAI 公司发布 CLIP(Contrastive Language-Image Pre-Training,对比语言–图像预训练)模型[67]。它是一种基于对比学习的多模态模型。与计算机视觉领域其他对比学习方法(如 MoCo[68]、SimCLR[69])不同,CLIP 使用文本–图像对进行训练,每一个数据包含一幅图像及与其对应的文本描述。

构建一个良好的图文对数据集已经成为开发多模态大模型的重中之重。图 2-26 展示了 LAION-5B 数据集的图文对数据示例。

Q: An armchair that looks like an apple

C: Green Apple Chair

Q: A dog rolling in the snow at sunset

C: sun snow dog

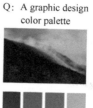
Q: A graphic design color palette

C: Color Palettes

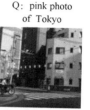
Q: pink photo of Tokyo

C: pink, japan, aesthetic image

图 2-26　LAION-5B 数据集图文对数据示例[70]

图文对数据的预处理过程包括图像预处理、文本预处理以及图文数据整合。

对于图像预处理，除了使用 2.2 节介绍的基本处理方法以外，还需要特别关注以下方面。

- 图像比例：需要根据图像的大小及长宽比例进行清洗，例如对于长宽比大于某个阈值或分辨率较低的图像进行过滤。

- 图像内容筛选：在 DALL·E 2 模型发布以后，很多用户使用其生成含有危害身心健康和政治敏感主题的图像。在对数据进行清洗时，除了关注图像质量方面的问题以外，还应对图像内容、图像主题等进行筛选。

- 图像压缩与格式：采用统一的编码格式对数据进行压缩和存储。

对于文本数据预处理，应特别注意以下方面。

- 删除冗余文字：删除文本中的重复性内容。

- 过滤敏感词：与图像预处理类似，在文本处理上应过滤或屏蔽涉及暴力、赌博、毒品等方面的敏感词。

- 保护个人隐私：应对数据集中出现的个人隐私信息进行隐藏或替换。

- 去除无效信息：统计文本中出现的高频词语（特别是以网页为主要来源的文本），对"查看原文""点击链接"等无效信息进行过滤。

对于图文数据整合，应关注如下方面。

- 去除低相关性图文：首先对图文的相关性进行计算（此处可以使用模型进行处理），然后去除相关性较低的图文。

- 数据去重：因为可能会出现多幅图像对应相同文本的情况，例如不同种类的苹果图像对应相同的文本"苹果"。在图文对数据处理过程中，应对重复数据进行删除或合并。

2.4　Datasets 库

Hugging Face 网站的 Datasets 库可以让开发者非常方便地访问和分享数据集，并且提供了丰富的预处理、模型评估方法，支持多种数据格式。读者可以通过该库加载数据集，并使用前面介绍的方法进行数据预处理，也可以直接使用该库提供的数据过滤、映射等方法进行数据处理。

2.4.1　安装与配置

可以通过如下代码安装 Datasets 库。

```
pip install datasets
```

可以通过如下代码安装语音版本的 Datasets 库。

```
pip install datasets[audio]
```

同理，可以通过如下代码安装图像版本的 Datasets 库。

```
pip install datasets[vision]
```

2.4.2　使用方法

本节主要介绍 Datasets 库的使用方法，包括加载数据集、数据集划分、数据过滤、数据映射和数据保存等操作。

1. 加载数据集

Hugging Face 网站提供的数据集通常包含多个子集（Subset），并且分成 train（训练集）、validation（验证集）和 test（测试集）3 部分。

Datasets 库的加载数据集操作可分为在线加载和本地加载两种。开发者可以使用 load_dataset()方法加载丰富的数据集资源。此处以加载 GLUE 数据集为例进行介绍。由于 GLUE 数据集包含多个子集，因此在下载时需要指定子集的名称（如"cola"子集）。具体代码如下。

```
from datasets import load_dataset
dataset = load_dataset("glue",name = "cola")
```

数据集下载完成后，可以通过如下代码查看 cola 中的信息。

```
print(dataset)
```

输出结果如下。

```
DatasetDict({
    train: Dataset({
        features: ['sentence', 'label', 'idx'],
```

```
        num_rows: 8551
    })
    validation: Dataset({
        features: ['sentence', 'label', 'idx'],
        num_rows: 1043
    })
    test: Dataset({
        features: ['sentence', 'label', 'idx'],
        num_rows: 1063
    })
})
```

可以看到，该数据集已被划分为 train、validation 和 test 3 部分。

也可以使用如下代码在本地加载数据集。

```
dataset = load_dataset(path = "读者的本地 glue 文件地址", name = "cola")
```

可以看到，已经加载的数据集是字典类型。可以按照字典的使用方式访问数据集，例如查看 train 中的信息。具体代码如下。

```
print(dataset['train'])
```
输出结果如下。

```
Dataset({
    features: ['sentence', 'label', 'idx'],
    num_rows: 8551
})
```

通过如下代码输出该数据集的前 5 个数据。

```
print(dataset['train']['sentence'][:5])
```

输出结果如下。

```
["Our friends won't buy this analysis, let alone the next one we propose.", "One
more pseudo generalization and I'm giving up.", "One more pseudo generalization or I'm
giving up.", 'The more we study verbs, the crazier they get.', 'Day by day the facts
are getting murkier.']
```

同时，Datasets 库支持如表 2-4 所示的常见数据格式的加载。

表 2-4　Datasets 库支持的数据格式

数据格式	示例
CSV、TSV	load_dataset("csv", data_files="my_file.csv")
纯文本	load_dataset("text", data_files="my_file.txt")
JSON、JSON Lines	load_dataset("json", data_files="my_file.jsonl")
Pickle 处理后的 DataFrame	load_dataset("pandas", data_files="my_dataframe.pkl")

在使用过程中，开发者须在 load_dataset()方法中指明数据的类型及文件名称。下面以文本问答数据集 SQuAD-it 为例介绍加载 JSON 数据的过程。此处的实验环境为 Linux 操作系统。

首先，使用 wget 工具从 GitHub 网站下载该数据集的训练数据和测试数据。具体代码如下。

```
wget GitHub 网站中 SQuAD_it-train.json.gz 的 URL 地址
wget GitHub 网站中 SQuAD_it-test.json.gz 的 URL 地址
```

通过如下 gzip 命令进行解压。

```
gzip -dkv SQuAD_it-*.json.gz
```

解压完成后，可以得到 SQuAD_it-test.json 和 SQuAD_it-train.json 两个文件。由于 SQuAD_it 数据集的文本全部存储在 data 域中，因此在 load_dataset()方法中设置参数 field 为 data，对该数据集进行加载。具体代码如下。

```
from datasets import load_dataset
squad_it_dataset = load_dataset("json", data_files = "SQuAD_it-train.json", field = "data")
```

输出该数据集的相关信息，可以得到如下结果。

```
DatasetDict({
    train: Dataset({
        features: ['title', 'paragraphs'],
        num_rows: 442
    })
})
```

在成功加载数据集后，开发者可以通过 Hugging Face 网站提供的工具对数据进行选取、过滤等操作。

2. 数据集划分

接下来以中文数据集为例介绍数据的选取、过滤等操作。

首先，通过如下代码加载数据集 Chinese-Vicuna/guanaco_belle_merge_v1.0，提取其中的 train，稍后我们将重新划分该数据集。

```
from datasets import load_dataset
data = load_dataset("Chinese-Vicuna/guanaco_belle_merge_v1.0")
data = data ['train']
print (data)
```

输出该数据集的相关信息，可以得到如下结果。

```
Dataset({
    features: ['input', 'output', 'instruction'],
    num_rows: 693987
})
```

可以看到，该数据集的每条数据包含 input、output 和 instruction 3 部分。

通过索引查看第一个数据。具体代码如下。

```
print(data[0])
```

输出结果如下。

```
{'input': '', 'output': '地球上有适宜生命存在的条件和多样化的生命形式。', 'instruction':
'用一句话描述地球为什么是独一无二的。\\n\\n'}
```

此时数据集并没有划分 train、test 这两部分。我们可以通过 Datasets 库提供的 train_test_split()方法对数据集进行切分。此处按照 9:1 的比例对该数据集进行重新划分。具体代码如下。

```
dataset = data.train_test_split(test_size = 0.1)
print(dataset)
```

输出结果如下。

```
DatasetDict({
    train: Dataset({
        features: ['input', 'output', 'instruction'],
        num_rows: 624588
    })
    test: Dataset({
        features: ['input', 'output', 'instruction'],
        num_rows: 69399
    })
})
```

3. 数据过滤

复用数据划分步骤得到的 dataset，并通过 select()方法挑选出其中的前两个数据。具体代码如下。

```
tmp = dataset["train"].select([0, 1])
print(tmp)
```

输出结果如下。

```
Dataset({
    features: ['input', 'output', 'instruction'],
    num_rows: 2
})
```

可以通过 filter()方法对数据集进行过滤。向 filter()方法传入 lambda 函数可以对数据进行定制化处理。例如，统计 input 中含有"地球"的数据的数量的代码如下。

```
tmp = dataset["train"].filter(lambda example: "地球" in example["input"])
print(tmp)
```

输出结果如下。

```
Dataset({
    features: ['input', 'output', 'instruction'],
    num_rows: 191
})
```

可以看到，input 中含有"地球"的数据有 191 个。

在上述返回结果中，数据集的数据类型仍然为字典类型。

4. 数据映射

当需要对数据进行统一处理时，可以使用数据映射操作，可以通过传入自定义函数 map()
方法来实现。例如，如果需要在每条数据前加入"Prefix"前缀，则可以进行如下操作。

首先，定义 add_prefix()方法。该方法为 example 的每个 instruction 部分拼接固定的前缀
"Prefix:"。具体代码如下。

```
def add_prefix(example):
    example["instruction"] = 'Prefix: ' + example["instruction"]
    return example
```

然后，调用 map()方法，并传入自定义函数，输出 3 个经过处理的 instruction 部分。具
体代码如下。

```
prefix_dataset = dataset.map(add_prefix)
print (prefix_dataset["train"] ["instruction"][2:5])
```

输出结果如下。

```
['Prefix: 请说出一个提高英文对话能力的好方法',
 'Prefix: 提示用户输入一个数字，判断该数字是否为质数。\n 数字：19',
 'Prefix: 为一篇将用于招募信息的招聘广告撰写标题。\\n\\n\\n 职位：软件工程师。\\n']
```

由于模型并不能直接理解文本数据，因此，我们在此处使用 transformers 库（Hugging Face
推出的 Python 库，可以加载各种类型的 Transformer 模型）加载 bert-base-chinese 模型提供
的分词器，以便对原语料进行编码，将数据直接转换为模型可以接收的词向量形式。具体代
码如下。

```
from transformers import AutoTokenizer
tokenizer = AutoTokenizer.from_pretrained("bert-base-chinese")
def preprocess_function(example):
    model_inputs = tokenizer(example["instruction"], max_length = 512, truncation = True)
    labels = tokenizer(example["output"], max_length = 32, truncation = True)
    model_inputs["labels"] = labels["input_ids"]
    return model_inputs
processed_dataset = dataset.map(preprocess_function)
print(processed_dataset)
```

输出结果如下。

```
DatasetDict({
    train: Dataset({
        features: ['input', 'output', 'instruction', 'input_ids', 'token_type_ids',
'attention_mask', 'labels'],
        num_rows: 624588
    })
    test: Dataset({
        features: ['input', 'output', 'instruction', 'input_ids', 'token_type_ids',
'attention_mask', 'labels'],
        num_rows: 69399
    })
})
```

与预处理前相比，数据集增加了 4 个字段，增加的字段表示模型可以接收的数据。此外，map()方法还支持批量处理数据，此时需要指定参数 batched 为 True。

```
processed_dataset = dataset.map(preprocess_function, batched = True)
```

5. 数据保存

当数据全部处理完毕后，开发者可以将处理后的数据保存到本地磁盘中，再次使用时可以直接加载，无须二次处理。可以通过如下代码保存数据。

```
from datasets import load_from_disk
processed_dataset.save_to_disk("读者的本地文件地址")
disk_datasets = load_from_disk("读者的本地文件地址")
```

2.5　小结

本章主要讲解了与文本数据、图像数据和图文对数据预处理相关的技术。这些技术在大模型的数据预处理过程中扮演着重要的角色。

在文本数据预处理过程中，清除无关数据和分词是非常重要的处理步骤。

针对图像数据预处理，需要掌握图像去噪（频域去噪法、空间域去噪法）、图像重采样（上采样、下采样）和图像增强。此外，本章还强调了图文对数据的重要性。图文对数据是图像和文本的结合体，常用于图像生成模型的训练。在使用图文对数据时，需要注意图像和文本的内容主题是否符合伦理、法律和道德标准，以避免产生不良的社会影响。

本章最后介绍了常用的数据集库 Datasets。读者可以通过 Datasets 库快速、方便地加载各类数据集，为模型的训练和测试提供有力的支持。

2.6   课后习题

（1）简述常用的文本数据类型。

（2）指令数据的常用构造方法有哪几种？

（3）BPE 算法存在哪些问题，以及 WordPiece 算法针对这些问题做了哪些改进？

（4）简述 ULM 算法的设计思想。

（5）简述高斯双边滤波与高斯滤波的区别。

（6）灰度直方图的作用是什么？

（7）什么是对比度拉伸？

第 3 章

Transformer

Transformer 是由 Google 公司于 2017 年在论文 "Attention is All You Need" 中提出的网络架构。该架构最初的设计目的是解决 RNN（Recurrent Neural Network，循环神经网络）串行输入、串行编解码导致的运行速度缓慢的问题，以显著提升机器翻译的效率。得益于 Transformer 优秀的并行处理能力，越来越多的模型以 Transformer 为基础进行构建，包括 GPT 系列模型和 BERT 模型。

Transformer 是在全球人工智能技术成果的基础上提出来的，体现了全球在人工智能领域的智慧结晶。如今，它已经成为当前大模型的核心技术支撑，为通用人工智能的发展做出巨大贡献。

通过学习 Transformer，以及了解 Transformer 在 NLP、计算机视觉以及多模态领域的发展历史，我们不仅能够学习这一关键技术的演进轨迹，而且能够洞察全球科技交流在推动人工智能进步方面的重要作用。这将有助于我们更好地把握技术创新的脉络，为实现通用人工智能的宏伟目标不懈努力。

本章将介绍目前大模型的基石性架构 Transformer 的相关知识，包括注意力机制、整体结构、Visual Transformer 等。对于致力于开发或设计大模型的读者来说，了解并掌握 Transformer 及其相关知识是非常重要的。因为在实际应用中，可能需要根据具体任务需求对 Transformer 进行相应的调整和优化，通过添加或修改模块来使其更好地适应不同的应用场景。

3.1 注意力机制

由于 Transformer 是一种基于自注意力机制的深度神经网络模型，因此在介绍 Transformer 前，我们先了解深度学习中的注意力机制（attention mechanism）。注意力机制是一种模仿人类视觉和认知系统的方法，它允许神经网络在处理输入数据时集中注意力于重要部分。通过引入注意力机制，神经网络能够自动地学习并选择性地关注输入中的重要信息，提高模型的性能和泛化能力。

在深度学习中，注意力机制通常应用于序列数据（如文本、语音、图像等）的处理。典型的注意力机制包括自注意力机制、空间注意力机制和时间注意力机制。这些注意力机制允许模型对输入序列的不同位置分配不同的权重，以便在处理每个序列元素时专注最相关的部分。

基于表示输入序列的方式不同，可以将注意力机制划分为自注意力机制和多头自注意力机制。

3.1.1 自注意力机制

自注意力机制（self-attention mechanism）是指在处理序列元素时，每个元素都可以与序列中的其他元素建立关联，而不仅仅是依赖于相邻位置的元素。它通过计算元素之间的相对重要性来自适应地捕捉元素之间的长程依赖关系。

假设存在一句话"我真的好棒"，其中的 5 个字分别使用 x_1、x_2、x_3、x_4、x_5 来表示对应的 One-Hot 编码[1]。首先，使用 Word2Vec 等方法对"我真的好棒"进行向量化操作，得到新的向量 a_1、a_2、a_3、a_4、a_5。随后，向量 a_1、a_2、a_3、a_4、a_5 作为注意力机制的输入数据，分别与矩阵 q、k、v 相乘，计算方式如式（3-1）所示。

$$q_i = W^q a_i$$
$$k_i = W^k a_i \qquad\qquad (3\text{-}1)$$
$$v_i = W^v a_i$$

其中，$i = 1, 2, \cdots, 5$；矩阵 q 是用来计算当前单词或字与其他的单词或字之间的关联或者关系；矩阵 k 则被用来与矩阵 q 进行匹配，也可以将其理解为单词或者字的关键信息；W 表示向量的参数矩阵。自注意力机制的计算步骤如图 3-1 所示。

若需要计算向量 a_1 与向量 a_2、a_3、a_4、a_5 之间的关系（或关联），则需要用矩阵 q_1 和矩阵 k_1、k_2、k_3、k_4、k_5 进行匹配计算，计算方式如式（3-2）所示。

$$a_{1,i} = \frac{q_1 \cdot k_i}{\sqrt{d}} \qquad\qquad (3\text{-}2)$$

其中，d 表示矩阵 q 和矩阵 k 的矩阵维度。在自注意力机制中，矩阵 q 和矩阵 k 的维度

---

1 One-Hot 编码，又称为独热编码或一位有效编码，每个字用一个高维向量来表示，向量的维度取决于语料库中字词的多少，向量中只有一位为 1，其他位都为 0。

是一样的。式（3-2）中除以 $\sqrt{d}$ 的原因是防止矩阵 q 和矩阵 k 点乘的结果太大。向量之间关系的计算过程如图 3-2 所示。

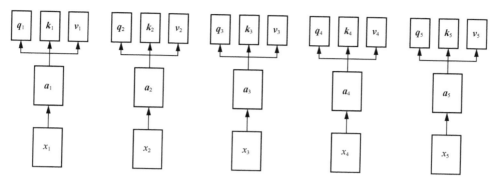

图 3-1 自注意力机制的计算步骤

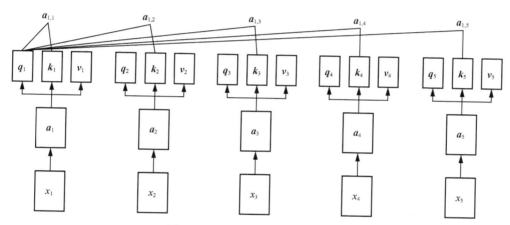

图 3-2 向量之间关系的计算过程

经过矩阵 q 和矩阵 k 的点乘操作后，会得到向量 $a_{1,1}$、$a_{1,2}$、$a_{1,3}$、$a_{1,4}$、$a_{1,5}$。随后，对新向量进行 Softmax 操作，得到向量 $\hat{a}_{1,1}$、$\hat{a}_{1,2}$、$\hat{a}_{1,3}$、$\hat{a}_{1,4}$、$\hat{a}_{1,5}$，如图 3-3 所示。

矩阵 v 表示当前单词或字的重要信息，也可以将其理解为单词或字的重要特征。例如，矩阵 v_1 代表"我"字的重要信息。如图 3-4 所示，在矩阵 v 操作中，会将经过矩阵 q、k 操作后得到的向量 $\hat{a}_{1,1}$、$\hat{a}_{1,2}$、$\hat{a}_{1,3}$、$\hat{a}_{1,4}$、$\hat{a}_{1,5}$ 和矩阵 v_1、v_2、v_3、v_4、v_5 分别相乘。计算方式如式（3-3）所示。

$$c_1 = \sum_i \hat{a}_{1,i} v_i \qquad (3\text{-}3)$$

依此类推，分别得到矩阵 c_2、c_3、c_4、c_5。从上述计算过程可以看出，自注意力机制通过计算序列中不同位置之间的相关性（矩阵 q、k 操作），为每个位置分配一个权重，随后对序列进行加权求和（矩阵 v 操作）。

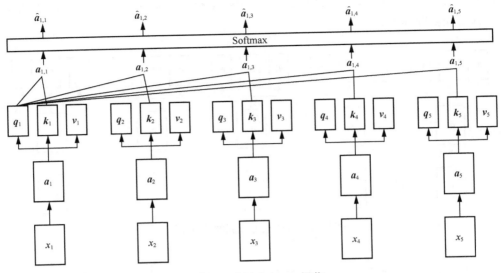

图 3-3   进行 Softmax 操作

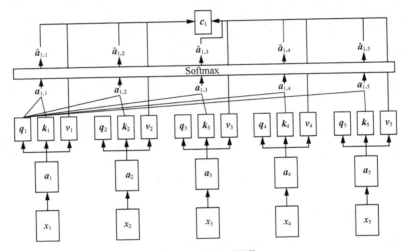

图 3-4   矩阵 v 操作

3.1.2 多头自注意力机制

多头自注意力机制（multi-head self-attention mechanism）是在自注意力机制的基础上发展起来的，是自注意力机制的变体，旨在增强模型的表达能力和泛化能力。它通过使用多个独立的注意力头，分别计算注意力权重，并将它们的结果进行拼接或加权求和，从而获得更丰富的表征。

在自注意力机制中，每个单词或者字都有且只有一个矩阵 q、k、v 与其对应，如图 3-5所示。

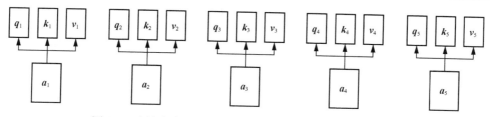

图 3-5 自注意力机制中单词或者字与矩阵 $\boldsymbol{q}$、$\boldsymbol{k}$、$\boldsymbol{v}$ 的关系

多头自注意力机制则是为向量 $\boldsymbol{a}_i$ 分配多组矩阵 $\boldsymbol{q}$、$\boldsymbol{k}$、$\boldsymbol{v}$，图 3-6 以两组矩阵 $\boldsymbol{q}$、$\boldsymbol{k}$、$\boldsymbol{v}$ 为例进行介绍。

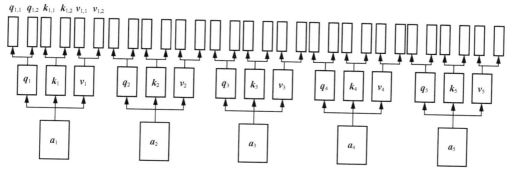

图 3-6 多头自注意力机制中单词或字与多个矩阵 $\boldsymbol{q}$、$\boldsymbol{k}$、$\boldsymbol{v}$ 有关系

在图 3-7 所示的两头自注意力机制中，首先，向量 $\boldsymbol{a}_i$ 乘以矩阵 $\boldsymbol{q}$，得到矩阵 $\boldsymbol{q}_i = \boldsymbol{W}_q \boldsymbol{a}_i$。然后，为矩阵 $\boldsymbol{q}_i$ 分配多个头，以矩阵 $\boldsymbol{q}$ 为例，包括矩阵 $\boldsymbol{q}_{i,1}$ 和矩阵 $\boldsymbol{q}_{i,2}$。计算方式如式（3-4）所示。

$$\boldsymbol{q}_{i,1} = \boldsymbol{W}_{q,1} \boldsymbol{q}_i$$
$$\boldsymbol{q}_{i,2} = \boldsymbol{W}_{q,2} \boldsymbol{q}_i$$

（3-4）

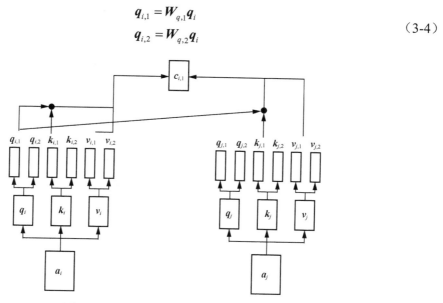

图 3-7 两头自注意力机制的计算过程

矩阵 k 和矩阵 v 操作的计算过程同理。在进行矩阵 q 和矩阵 k 的点乘操作时，在多头自注意力机制中，由于有多个矩阵 q 和矩阵 k，如图 3-7 所示，因此矩阵 $q_{i,1}$ 会先和矩阵 $k_{i,1}$、$k_{j,1}$ 进行点乘，再进行 Softmax 操作。分别与 $v_{i,1}$、$v_{j,1}$ 进行数乘后，得到 $c_{i,1}$。同理，我们还可以得到另一个值 $c_{i,2}$。所谓的"多头"，可以理解为 q、k、v 每运算一次就会产生一个头，运算多次，则产生多个头。

3.2　Transformer 简介

Transformer 的创新之处在于摒弃了传统的循环神经网络和长短期记忆网络的结构。在设计时，研究者充分考虑到循环神经网络模型只能从左至右（或从右至左）依次计算，不利于并行计算，并且容易产生梯度爆炸和梯度消失问题。为了克服这些缺点，Transformer 通过注意力机制将序列中任意两个位置之间的距离缩小为常量，摒弃类似循环神经网络的顺序结构。Transformer 模型能够在处理序列数据时关注到序列中不同位置的信息，实现更加高效的并行处理。

3.2.1　位置编码

由于 Transformer 模型将序列中的每个实体或单词视为彼此独立的，并不具有处理序列排序的内在机制，因此使用称为位置编码（positional encoding）的方式来保留句子中实体或单词的顺序信息。

例如，对于输入的一串 Token，用户很容易分辨各个 Token 的位置，例如，a_1 是第一个 Token（绝对位置信息），a_2 在 a_1 的后一位（相对位置信息）等。由于无向运算自注意力模型完全无法分辨这些信息，因此需要使用位置编码将 Token 的位置信息输入模型中。

位置编码表示模型中任一实体或单词在序列中的位置，可以通过计算序列中的输入嵌入与位置向量之和来获得。在 Transformer 中，位置编码由正弦函数和余弦函数确定。这种设计方式不仅使得模型能够处理任意长度的序列，而且能够保证位置编码的稳定性和唯一性。对于某个 Token，t 表示 Token 在序列中的实际位置，PE_t 表示 Token 的位置向量，而对于该位置向量中的每一个元素 $PE_t^{(i)}$，则可以用式（3-5）表示。对于该位置向量中索引为奇数的元素（即 $i=2k+1$），可用式（3-5）中的余弦函数表示，而对于该位置向量中索引为偶数（即 $i=2k$）的元素，可用式（3-5）中的正弦函数表示。

$$PE_t^{(i)} = \begin{cases} \sin\left(\dfrac{1}{10000^{\frac{2k}{d_{model}}}}\right) & i = 2k \\[4mm] \cos\left(\dfrac{1}{10000^{\frac{2k}{d_{model}}}}\right) & i = 2k+1 \end{cases} \tag{3-5}$$

通过引入位置编码，Transformer 模型能够有效地处理序列数据，同时捕捉 Token 之间的语义和位置关系。这对于 NLP 等领域的任务来说至关重要，也是 Transformer 模型能够取得优异性能的重要原因之一。

3.2.2 整体结构

Transformer 的整体结构可分为输入模块、编码器模块、解码器模块和输出模块，如图 3-8 所示。seq2seq 架构的 Transformer 模型包含编码器（Encoder）与解码器（Decoder），这类模型最初被用于解决机器翻译、文本生成等问题。整体来看，Transformer 架构可以描述为：通过自注意力机制获取输入序列的全局信息，并将这些信息通过多头自注意力子层和前馈网络子层进行传递，每个子层的后面都会进行残差连接（Add）和层归一化（Norm）操作。

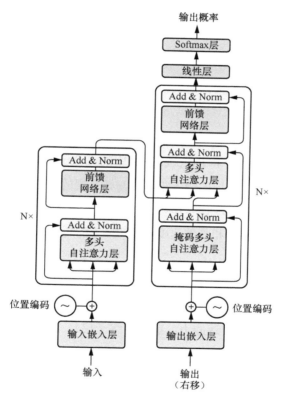

图 3-8   Transformer 的整体结构[6]

由于机器无法识别自然语言中的单词，因此需要在输入嵌入层使用 GloVe 模型（2014 年斯坦福大学开源的词表征模型）等词向量模型来获得输入句子中每个 Token 的词向量。同时将词向量与位置编码向量相加，以提供每个 Token 在输入句子中的顺序和相对位置。这不同于循环神经网络中输入句子的每个 Token 的顺序关系会被完整保留。这是因为 Transformer 中输入句子的每个 Token 是并行计算的，需要在输入时引入位置信息。

多头自注意力层由多个自注意力层组成。其中,自注意力层的作用是收集输入句子中每个 Token 之间的相关性信息,以获得其在整个输入句子中的含义。

由图 3-8 可知,Transformer 的结构包含 3 个多头自注意力层,其中比较特殊的是掩码多头自注意力层。

首先,我们简单介绍下掩码的概念。掩码是一个二进制向量,其长度与输入序列相同,它的每个位置与输入序列中的一个位置相对应。如果掩码的某个位置的值为 0,那么在计算自注意力时会忽略输入序列中所对应的位置。Transformer 模型使用掩码的方式有多种。第一种方式是随机或按规则掩码训练数据中的部分数据,通过预测被掩码的数据来训练模型。第二种方式是为了实现自回归,即不希望模型看到未来的数据,而只使用过去的数据进行计算,这样会将目标标记之后的数据进行掩码。第三种方式是在模型输入序列不等长的情况下,为了使所有输入序列具有统一的长度,通过填充标记来补齐较短的序列,此时使用填充掩码,填充标记不会参与到计算当中。

因此,对于掩码多头注意力层,它不仅通过多头注意力机制并行捕获输入序列中的多种依赖关系,以增强模型的表达能力,而且使用掩码,避免模型"提前看到"输入序列的后续数据(影响训练效果)。通过对后续数据进行遮蔽,模型只能利用当前已输出的内容来预测下一个可能性最高的输出内容。

Transformer 的 Encoder 部分和 Decoder 部分中的每个子层都用到 Add 与 Norm 操作。其中,Add 操作把多头自注意力子层的输入矩阵 $\boldsymbol{a}$ 与该子层的输出矩阵 $\boldsymbol{b}$ 相加,得到矩阵 $\overline{\boldsymbol{b}}$。Add 操作的好处是可以加大网络训练的深度,防止梯度消失。随后进行 Norm 操作。Norm 操作有助于平滑损失,加快训练和收敛速度,把矩阵 $\overline{\boldsymbol{b}}$ 的每一行标准化为正态分布,从而得到矩阵 $\hat{\boldsymbol{b}}$。

在编码器模块中,前馈网络子层首先通过线性变换,将数据映射到高维度的空间,然后通过激活函数进行非线性变换,再映射回原始的低维度空间。通过前馈网络,可以提取更深层次的特征,从而提升模型的表达能力。前馈网络子层是 Transformer 最重要的结构之一,它将注意力向量作为输入,进行线性变换和非线性变换,以获得更为丰富的语义特征。

在解码器堆栈处理完毕后,数据将被传递到带有线性层和 Softmax 层的输出处理层。线性层是一个全连接神经网络,它首先将解码器堆栈产生的向量投影到一个具有输出词表数量宽度的向量中,该向量的每个单元格对应一个唯一单词的分数,然后应用 Softmax 将向量中的每个单元格的分数转换成概率,概率最高的单元格所对应的单词就是当前预测的下一个可能的单词。

3.2.3　稀疏 Transformer

稀疏 Transformer 基于 Transformer 架构进行了优化,目的是减少模型占用的计算和存储资源。不同于以往需要在输入序列中每个位置与其他所有位置进行交互计算，稀疏 Transformer 只需要部分位置进行交互计算，而忽略其他位置。稀疏 Transformer 通过稀疏化原架构中的 Attention 矩阵以达到减少内存消耗、降低算力的目的。

OpenAI 公司在 2019 年发表的论文 "Generating Long Sequences with Sparse Transformers" 中提出两种 Attention 矩阵的稀疏化方法——跨步注意力（strided attention）和固定注意力（fixed attention），从而将计算复杂度从 $O(n^2)$ 降低到 $O(n\sqrt{n})$[71]。

如图 3-9 所示[1]，在原论文中，研究人员分别检测了模型在图像（CIFAR-10、ImageNet）、文本（Enwik8）、音频（Classical music）3 类数据集上的表现。研究表明，稀疏 Transformer 模型较好地降低了模型处理数据时的复杂度（此处选择的测试指标为 Bits per byte，其数值越低，代表模型表现越优秀）。

模型	Bits per byte
CIFAR-10	
PixelCNN (Oord et al., 2016)	3.03
PixelCNN++ (Salimans et al., 2017)	2.92
Image Transformer (Parmar et al., 2018)	2.90
PixelSNAIL (Chen et al., 2017)	2.85
Sparse Transformer 59M (strided)	**2.80**
Enwik8	
Deeper Self-Attention (Al-Rfou et al., 2018)	1.06
Transformer-XL 88M (Dai et al., 2018)	1.03
Transformer-XL 277M (Dai et al., 2018)	**0.99**
Sparse Transformer 95M (fixed)	**0.99**
ImageNet 64x64	
PixelCNN (Oord et al., 2016)	3.57
Parallel Multiscale (Reed et al., 2017)	3.7
Glow (Kingma & Dhariwal, 2018)	3.81
SPN 150M (Menick & Kalchbrenner, 2018)	3.52
Sparse Transformer 152M (strided)	**3.44**
Classical music, 5 seconds at 12 kHz	
Sparse Transformer 152M (strided)	**1.97**

图 3-9 稀疏 Transformer 在 3 类数据集上的表现

3.3 Visual Transformer 简介

2020 年，Google 公司提出将 Transformer 应用于视觉领域的模型——Visual Transformer（简称 ViT）[72]。相关研究表明，TiV 模型在 ImageNet 数据集上可以达到 88.55% 的图像分类准确率。ViT 模型凭借优秀的结构设计、可扩展性强、实验效果好等特性成为计算机视觉领域的里程碑之作。

---

1 图 3-9 中的 M 代表 Million，意思为"百万"。在大模型中，常用于表示参数规模。同理，B 代表 Billion，意思为"10 亿"。

在大模型的开发过程中，ViT 模型常作为多模态模型的视觉模块，用于完成图像处理任务。目前多款开源大模型均以 ViT 模型为主要视觉模块进行开发。本节主要介绍 ViT 模型的结构、与 Transformer 的对比等内容。

3.3.1　模型结构

如图 3-10 所示，ViT 模型的结构可以归纳为 Embedding 层（Linear Projection of Flattened Patches）、Transformer 编码器层、MLP Head（最终用于分类的层）3 部分。

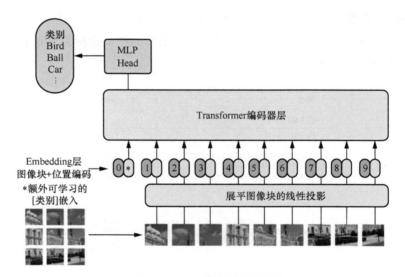

图 3-10　ViT 模型的结构[72]

在原始的 Transformer 架构中，输入数据的格式为二维矩阵 $[N, D]$，其中，N 代表序列长度，D 代表序列中每个向量的维度。因此，在 ViT 模型中，需要首先将图像的格式为 $[H, W, C]$（H 指代高度，W 指代宽度，C 指代通道数）的三维数据转化为 $[N, D]$ 这样的二维数据。

在图 3-10 中，Embedding 层用于将计算机视觉任务的图像转换为与 NLP 任务类似的序列块（patch）。首先将图像数据按指定大小切分为多个图像块。例如，将输入图像（224 像素×224 像素）按照 16 像素×16 像素的大小进行切分，可以得到 196（14×14）个大小相同的图像块（每个图像块是 [16, 16, 3] 的三维数据）。然后通过线性映射将每个图像块的维度映射到一维向量的维度 D。这样就可以将图像的三维矩阵数据 [224, 224, 3] 转换成二维矩阵数据 [196, 768]。

原论文作者参考 BERT 模型和 Transformer 的设计思路，在经过前面的转换操作而得到的二维向量上添加用于分类的可训练的 [class]token（即 Class Embedding）和位置编码。在前面的示例中，[class]token 是维度为 [1, 768] 的向量，与前面转换生成的维度为 [196, 768] 的二维向量进行拼接后生成的新数据的维度为 [197, 768]。随后直接叠加位置编码（可以不与原始图像块划分顺序相同，可随机初始化）。此处位置编码的维度应与最新的输入序列的数据的维度保持一致，其维度也应该是[197, 768]。

TiV 模型的编码器层则是对编码器模块的重复堆叠，如图 3-11 所示。其中，MLP 的结构由"全连接层+GELU+Dropout+全连接层+Dropout"组成，如图 3-12 所示。

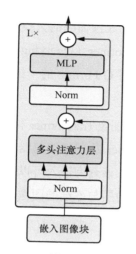

图 3-11　TiV 模型的编码器层[72]

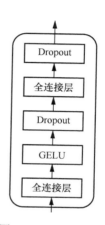

图 3-12　MLP 的结构

经过 Transformer 编码器层处理后，输出数据的形状保持不变。由于 ViT 模型专注于图像分类任务，因此只须从输出中提取[class]Token 并生成对应的结果即可，即抽取出维度为[1, 768]的向量，再通过 MLP Head 计算得到最终的分类结果。

3.3.2　与 Transformer 对比

ViT 模型是基于 Transformer 的视觉领域模型，其与 Transformer 模型的对比如表 3-1 所示。

表 3-1　ViT 模型与 Transformer 模型对比

对比项	ViT 模型	Transformer 模型
输入的数据类型	二维图像的三维数据	一维文本的二维序列化数据
输入编码	首先将图像分块并展平，通过位置编码和嵌入向量表示每个图像块的位置信息和特征信息	直接通过位置编码和嵌入向量表示每个 Token 的位置信息和特征信息
结构	只有编码器部分	包括编码器与解码器
应用领域	主要应用于视觉领域，如目标识别、图像分割等	主要应用于 NLP 领域，如机器翻译、文本生成等

3.4　Q-Former

得益于 ViT 模型的蓬勃发展，ViLT[73]、ALBEF[74]、VLMo[75]和 BLIP[76]等模型相继问世。

计算机视觉领域全面拥抱 Transformer，该类模型在 VQA（Visual Question Answering，视觉问题回答）、VG（Visual Grounding，视觉定位）等任务上展现出惊艳的能力。但是，由于大多数模型在复杂推理任务上表现较差，因此将具备推理能力的大模型与具备多模态感知能力的编码器进行整合成为新的研究方向。

2023 年 Salesforce Research 研究团队推出 BLIP-2 模型。BLIP-2 模型包含一个已完成预训练的视觉模型（提供高质量的视觉表征能力）、一个已完成预训练的大模型（提供语言生成和零样本迁移能力），以及一个需要预训练的模型 Q-Former（Querying Transformer）。Q-Former 是一个轻量级的基于 Transformer 的模型，可以对 Q-Former 的一组查询（Query）向量（原论文中使用了 32 个查询向量）进行训练[77]。

如图 3-13 所示，Q-Former 本质上是 Transformer 模型，由图像 Transformer 和文本 Transformer 两部分组成。这两个模块共享自注意力层。图像 Transformer 从图像编码器中提取固定数量的输出特征，并将一定数量的可训练的查询嵌入作为输入。该查询嵌入可以通过共享的自注意力层与文本 Transformer 进行交互，以及通过交叉注意力层与冻结的图像特征相互作用。文本 Transformer 可以同时作为文本编码器和文本解码器。

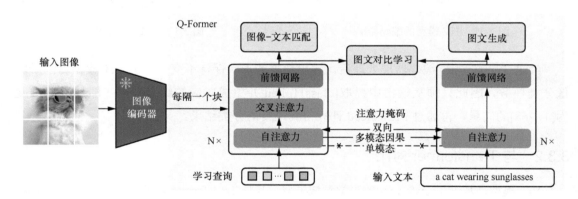

图 3-13   Q-Former 的架构[77]

为了降低计算成本并抵消灾难性遗忘问题，在预训练期间，BLIP-2 模型的两个经过预训练的模块的参数保持冻结，只对 Q-Former 的参数进行预训练。Q-Former 在冻结的图像编码器和冻结的大模型之间充当信息传输的工具，用来将输入图像中对输入文本最有用的视觉信息提供给大模型。

BLIP-2 模型采用两个预训练阶段的训练策略来训练 Q-Former 的参数，从而实现两种模态的语义对齐。

第一个预训练阶段是特征学习阶段。在这个阶段中，基于输入的文本，从冻结的图像编码器的视觉特征输出中引导查询向量学习与文本最丰富、最相关的视觉特征，也就是使查询能够学会提取对文本信息最丰富、最相关的视觉特征。

第二个预训练阶段是生成学习阶段。在这个阶段中，将 Q-Former 输出的查询向量（包含视觉和文本两个方面的信息）通过全连接映射到与大模型的文本嵌入相同的维度，并放到文本嵌入的前面，作为输入文本的视觉前缀，一起输入冻结的大模型，以进行视觉到语言的生成学习。从而训练查询向量，使其输出的视觉表示能够被大模型解释。也就是为大模型提供最有用的视觉特征，用来让大模型输出正确的文本。

BLIP-2 模型的运行流程为，首先将图像输入图像编码器，其次将编码器的输出结果与输入的文本信息在 Q-Former 模块中进行融合，最后由大模型进行处理。Q-Former 的重要意义在于实现将两个模态的信息统一到大模型可以理解的特征空间。

应用 Q-Former 架构的 BLIP-2 模型最令人惊艳的特点在于模型强大的零样本图生文能力。在原论文给出的实例中，BLIP-2 模型对于物体的知识背景拥有优秀的识别能力，这在一定程度上要归功于大模型强大的背景知识。

总之，Q-Former 的提出使多模态大模型的发展方向有了新的思路。经典的开源模型如 VisualGLM-6B 也使用了 Q-Former 架构。LLaVA[78]、LLaMA-Adapter V2[79]等模型也继续在视觉模型与大模型的结合与有效利用上进行创新，促进了多模态大模型的发展。

3.5　transformers 库

Hugging Face 网站开发的 transformers 库提供了数以千计针对多种任务的预训练模型。开发者可根据自身需求，选择合适的模型进行训练、微调或使用。

在大模型开发过程中，开发者主要基于开源模型或自己训练的模型进行实验或开发，此时可以通过 transformers 库对模型进行加载。Hugging Face 网站数量庞大的开源模型和完整的配套工具可以助力开发者大幅提高开发效率。

3.5.1　基本组成

transformers 库由 Tokenizers、Transformers、Head 3 个重要组件组成。其中，Tokenizers 是一种灵活的分词工具，支持不同的分词形式，能够根据需要将输入文本进行分词处理。Tokenizers 还能将分词结果转化为目标模型所需的向量表示，这样模型就能更好地理解和处理文本数据。

Transformers 指的是各种基于 Transformer 的预训练模型，例如 BERT、GPT 等模型。transformers 库提供了统一的 API 接口，使得用户可以轻松加载和使用不同的模型。例如，通过 AutoModel 类的 from_pretrained()方法，用户可以快速加载所需的预训练模型，进行后续的任务处理。

Head 组件在 transformers 库中扮演着模型输出层的角色。它负责将 Transformers 输出的特征表示转化为具体的任务输出。根据不同的任务需求，用户可以自定义 Head 组件的结构和参数，以实现分类、回归、序列标注等不同的任务目标。transformers 库包含如表 3-2 所示的 Head。

表 3-2   transformers 库中的 Head

类型	名称	说明
预训练 Head	普通自回归的语言模型	主要用于 GPT、GPT-2、CTRL 等模型
	掩码语言模型	主要用于 BERT、RoBERTa 等模型
	乱序重排语言模型	主要用于 XLNet 等模型
微调 Head	语言建模	语言模型训练，预测下一个词，主要用于文本生成任务
	序列分类	主要用于文本分类任务、情感分析任务
	问题回答	主要用于机器阅读理解任务、问题回答任务
	Token 分类	Token 级别的分类，主要用于命名实体识别任务、句法解析任务
	多项选择	主要用于文本选择任务
	掩码语言模型	掩码预测，对 Token 进行随机掩蔽并预测，可用于预训练
	条件生成	主要用于翻译以及摘要任务

同时，Hugging Face 网站还提供了主流预训练模型的各种文件，其中包括几乎所有的新模型，如 LLaMA2、ChatGLM3-6B 等。

3.5.2   使用方法

transformers 库中最重要的方法是 pipeline()。pipeline()方法的作用是将模型与其必需的预处理和后续处理步骤紧密地串联起来，从而为用户提供了一个简洁、高效的接口。通过 pipeline()方法，用户可以直接输入他们想要处理的问题或数据，并获得模型生成的答案或结果。pipeline()方法可处理的任务及说明如表 3-3 所示。

表 3-3   pipeline()方法可处理的任务及说明

任务名称	说明
feature-extraction	特征提取，将一段文字用向量来表示
fill-mask	填词，把一段文字的某些部分遮蔽，然后由模型进行填空
ner	命名实体识别，识别文字中出现的人名、地名等命名实体
question-answering	问答，给定一段文本以及针对它的一个问题，从文本中抽取答案
sentiment-analysis	情感分析，分析一段文本的情感倾向是正面还是负面
summarization	摘要，根据一段长文本生成简短的摘要
text-generation	文本生成，给定一段文本，由模型补充后面的内容
translation	翻译，把一种语言的文字翻译成另一种语言的文字
zero-shot-classification	零样本分类，对输入内容进行分类

表 3-3 所示任务的代表模型如表 3-4 所示。

表 3-4　各类任务的代表模型

类型	模型名称	说明
编码器模型	ALBERT、BERT、DistilBERT、ELECTRA、RoBERTa	适合需要理解完整句子的任务，例如句子分类、命名实体识别和提取式问答等
解码器模型	CTRL、GPT、GPT-2、Transformer XL	解码器模型的预训练任务通常围绕预测句子中的下一个单词进行，适合涉及文本生成任务等
序列到序列模型	BART、T5、Marian、mBART	适合围绕给定输入生成新内容任务，例如文本摘要、翻译或生成式问答等

以情感分析任务为例，pipeline()方法的代码如下（这里以情感分析任务为例）。在第一次运行如下代码时，程序会自动下载所需的预训练模型和分词器并缓存。

```
from transformers import pipeline
classifier = pipeline("sentiment-analysis")
print(classifier("I am very happy today, I received a gift from my classmates!"))
```

输出结果如下。

```
[{'label': 'POSITIVE', 'score': 0.9998750686645508}]
```

可以看到，模型针对用户输入内容给出了情感倾向预测结果。

也可以以列表的形式向模型输入多条输入内容。

```
classifier(["I played very poorly in today's game and was blamed by the coach.",
"It was the greatest luck of my life to meet her, and I wish her a happy birthday!"])
```

输出结果如下。

```
[{'label': 'NEGATIVE', 'score': 0.9996404647827148},
 {'label': 'POSITIVE', 'score': 0.9998419284820557}]
```

在接收到文本后，一个完整的 pipeline 处理过程可分为分词、模型处理和结果输出 3 部分。以上述代码为例，在执行 pipeline()方法时，程序将自动下载并缓存默认的情感分析模型和对应的分词器。在进行模型推理时，开发者也可以通过在 pipeline()方法中增加参数 model 来指定模型。具体代码如下。此处指定了一个新的 RoBERTa 模型作为情感分析模型。

```
from transformers import pipeline
classifier = pipeline("sentiment-analysis",
                      model = "IDEA-CCNL/Erlangshen-Roberta-110M-Sentiment")
result = classifier("It was the greatest luck of my life to meet her, and I wish
her a happy birthday!")
print(result)
```

输出结果如下。

```
[{'label': 'Positive', 'score': 0.7751356363296509}]
```

同时，开发者也可以通过本地加载模型。在开发过程中，可以首先将 Hugging Face 网站上的模型权重保存到本地，然后通过 from_pretrained()方法从本地分别加载模型和分词器。例如，从本地加载 RoBERTa 模型和分词器。具体代码如下。

```
from transformers import AutoModelForSequenceClassification
from transformers import AutoTokenizer
from transformers import pipeline
model_name_or_path = "读者的本地模型地址"
model = AutoModelForSequenceClassification.from_pretrained(model_name_or_path)
tokenizer = AutoTokenizer.from_pretrained(model_name_or_path)
classifier = pipeline("sentiment-analysis", model = model, tokenizer = tokenizer)
result = classifier("今天心情很好")
print(result)
```

1. 加载模型

一般来说，开发者通过 from_pretrained()方法加载模型，此处的区别主要在于调用哪个类的 from_pretrained()方法。我们可以按任务类型的不同，选择合适的类进行模型加载。例如，对于文本序列分类任务，可以通过调用 AutoModelForSequenceClassification 类来加载模型。具体代码如下。

```
from transformers import AutoModelForSequenceClassification
model_name_or_path = "IDEA-CCNL/Erlangshen-Roberta-110M-Sentiment"
model = AutoModelForSequenceClassification.from_pretrained(model_name_or_path)
```

也可以通过调用具体的模型类如 BertForSequenceClassification 类来加载模型。具体代码如下。

```
from transformers import BertForSequenceClassification
model_name_or_path = "IDEA-CCNL/Erlangshen-Roberta-110M-Sentiment"
model = BertForSequenceClassification.from_pretrained(model_name_or_path)
```

如果不知道模型的具体类别，也可以通过 AutoModel()方法加载预训练模型。该方法能保证加载类型正确。

2. 分词处理

在处理文本数据时，需要通过分词器将数据处理为模型可以接受的形式。分词器首先根据具体的规则将文本拆分为 Token，然后参照词表将其转换为数值，并作为模型的输入。一般在加载某个预训练模型时，也需要加载其对应的分词器，以确保文本以与预训练语料库相同的方式进行分词，并获得相同的 Token 索引。

接下来介绍分词器的具体用法。可以通过 AutoTokenizer.from_pretrained()方法加载分词器，并传入文本。具体代码如下。

```
from transformers import AutoTokenizer
model_name_or_path = "IDEA-CCNL/Erlangshen-Roberta-110M-Sentiment"
tokenizer = AutoTokenizer.from_pretrained(model_name_or_path)
encoded_input = tokenizer("It is been particularly cold today")
print(encoded_input)
```

输出结果如下。

```
{'input_ids': [101, 8233, 8310, 8815, 8329, 9124, 8317, 10764, 8436, 8792, 8635,
11262, 102],
 'token_type_ids': [0, 0, 0, 0, 0, 0, 0, 0, 0, 0, 0, 0, 0],
 'attention_mask': [1, 1, 1, 1, 1, 1, 1, 1, 1, 1, 1, 1, 1]}
```

可以看到，上述输出包含 3 部分：input_ids 对应句子中每个 Token 的索引；token_type_ids 用于标识在多序列情况下 Token 的所属序列；attention_mask 表明 Token 是否需要被注意（1 表示被注意，0 表示不需要被注意）。同样，我们也可以使用 decode()方法将索引（input_ids）序列解码为原始输入。具体代码如下。

```
decoded_input = tokenizer.decode(encoded_input["input_ids"])
print(decoded_input)
```

输出结果如下。其中，[CLS]和[SEP]标识符是 BERT 模型中的特殊 Token。[CLS]置于句子的首位，表示经过 BERT 模型处理得到的表征向量可以用于后续的分类任务，[SEP]用于分隔两个句子。

```
[CLS] it is been particularly cold today [SEP]
```

如果需要同时处理多个句子，可以向分器词传入由多个句子组成的列表。具体代码如下。

```
from transformers import AutoTokenizer
model_name_or_path = "IDEA-CCNL/Erlangshen-Roberta-110M-Sentiment"
tokenizer = AutoTokenizer.from_pretrained(model_name_or_path)
encoded_input = tokenizer(["It is been particularly cold today", "This movie is good"])
print(encoded_input)
```

输出结果如下。

```
{'input_ids': [[101, 8233, 8310, 8815, 8329, 9124, 8317, 10764, 8436, 8792, 8635,
11262, 102], [101, 8554, 11099, 8310, 9005, 102]],
 'token_type_ids': [[0, 0, 0, 0, 0, 0, 0, 0, 0, 0, 0, 0, 0],[0, 0, 0, 0, 0, 0]],
 'attention_mask': [[1, 1, 1, 1, 1, 1, 1, 1, 1, 1, 1, 1, 1], [1, 1, 1, 1, 1, 1]]}
```

由于每个句子的长度不等，但模型的输入一般需要统一的形状，因此可以通过填充的方法向 Token 较少的句子添加特殊的填充 Token 以进行占位。操作方法是向 tokenizer()方法传入参数 padding=True。具体代码如下。

```
encoded_input = tokenizer(["It is been particularly cold today", "This movie is
good"], padding = True)
    print(encoded_input)
```

输出结果如下。

```
{'input_ids': [[101, 8233, 8310, 8815, 8329, 9124, 8317, 10764, 8436, 8792, 8635,
11262, 102], [101, 8554, 11099, 8310, 9005, 102, 0, 0, 0, 0, 0, 0, 0]],
    'token_type_ids': [[0, 0, 0, 0, 0, 0, 0, 0, 0, 0, 0, 0, 0], [0, 0, 0,
0, 0, 0, 0, 0, 0]],
    'attention_mask': [[1, 1, 1, 1, 1, 1, 1, 1, 1, 1, 1, 1, 1], [1, 1, 1, 1, 1, 1, 0,
0, 0, 0, 0, 0, 0]]}
```

可以看到，对于长度不足的部分，程序自动补 0。

当句子太长时，我们可以采取相反的做法，对过长的句子进行截断。操作方法是向
tokenizer()方法传入参数 truncation=True。

若要指定返回的张量类型（如用于不同程序的 PyTorch、TensorFlow 或 NumPy 数据类型），
可以在 tokenizer()方法中增加参数 return_tensors。具体代码如下。

```
raw_inputs = [
    "I've been waiting for a HuggingFace course my whole life.",
    "I hate this so much!",
]
encoded_input = tokenizer(raw_inputs,
            padding = True,
            truncation = True,
            return_tensors = "pt")
print(encoded_input)
```

输出结果如下。

```
{'input_ids': tensor([[ 101,    151,    112, 12810, 8815, 8329,    165, 8982, 9107,
8330,143, 12199,  9949, 8221, 12122, 12654,  8422, 9372,  8268,  8562,119,    102],
        [101,    151, 11643,  8299,  8554,  8968, 11677,  8370,  106,  102,0,
0,    0,    0,      0,     0,      0,      0,      0,0,      0]]),
    'token_type_ids': tensor([[0, 0, 0, 0, 0, 0, 0, 0, 0, 0, 0, 0, 0, 0, 0, 0, 0, 0,
0, 0, 0, 0],[0, 0, 0, 0, 0, 0, 0, 0, 0, 0, 0, 0, 0, 0, 0, 0, 0, 0, 0, 0, 0, 0]]),
    'attention_mask': tensor([[1, 1, 1, 1, 1, 1, 1, 1, 1, 1, 1, 1, 1, 1, 1, 1, 1, 1, 1,
1, 1, 1, 1],
        [1, 1, 1, 1, 1, 1, 1, 1, 1, 1, 0, 0, 0, 0, 0, 0, 0, 0, 0, 0, 0, 0]])}
```

3. 训练与保存

transformers 库提供的 Trainer 类简化了模型训练的过程。通过设置 Trainer 方法的参
数，包括训练集、验证集、分词器等，就可以通过 train()方法进行模型训练。具体代码
如下。

```
trainer = Trainer(model = classification_model,
                  args = training_args,
                  train_dataset = tokenized_datasets["train"],
                  eval_dataset = tokenized_datasets["validation"],
                  tokenizer = tokenizer,
                  compute_metrics = compute_metrics)
trainer.train()
```

训练完毕后，可以通过调用 save_model()方法进行保存。

3.5.3　微调实践

本节将通过一个简单的案例讲解如何进行模型微调。此处，我们使用中文酒店评论情感分类数据集（见本书配套资料）对 bert-base-chinese 模型进行微调。首先，调用 Datasets 库的 load_dataset()方法，载入数据集。具体代码如下。

```
import numpy as np
from transformers import AutoTokenizer, DataCollatorWithPadding
import datasets
data_files = {"train": "review.csv", "test": " review.csv "}
raw_datasets = datasets.load_dataset("csv", data_files=data_files, delimiter=",")
```

此处加载的 raw_datasets 由 train 和 test 两部分组成。我们首先将 train 作为训练集，将 test 作为验证集（此处我们设置 train 和 test 是相同的）。然后，使用分词器对数据集进行分词处理。其中，map()方法中的参数 batched 表示并行化批处理，可加速分词速度。具体代码如下。

```
import torch
from transformers import AutoModelForSequenceClassification
model_name_or_path = 'bert-base-chinese'
tokenizer = AutoTokenizer.from_pretrained(model_name_or_path)
model = AutoModelForSequenceClassification.from_pretrained(model_name_or_path,
num_labels=5)

def tokenize_function(examples):
    return tokenizer(examples["text"],padding='max_length',truncation=True)

tokenized_datasets = raw_datasets.map(tokenize_function,batched=True)
data_collator = DataCollatorWithPadding(tokenizer=tokenizer)
print(tokenized_datasets)
```

输出结果如下。

```
DatasetDict({
    train: Dataset({
        features: ['text', 'label', 'input_ids', 'token_type_ids', 'attention_mask'],
        num_rows: 50
```

```
    })
    test: Dataset({
        features: ['text', 'label', 'input_ids', 'token_type_ids', 'attention_mask'],
        num_rows: 50
    })
})
```

上述输出结果显示选取了训练数据和测试数据各 50 条。接下来我们按照同样的规则打乱数据集内部的数据排序。具体代码如下。

```
train_dataset = tokenized_datasets["train"].shuffle(seed=42).select(range(50))
eval_dataset = tokenized_datasets["test"].shuffle(seed=42).select(range(50))
```

接下来设置 compute_metrics()方法。在评估过程中输出 Accuracy、F1 分数、Precision、Recall 4 项指标。具体代码如下。

```
from transformers import Trainer, TrainingArguments
from sklearn.metrics import accuracy_score, precision_recall_fscore_support
def compute_metrics(pred):
    labels = pred.label_ids
    preds = pred.predictions.argmax(-1)
    precision, recall, f1, _ = precision_recall_fscore_support(labels, preds,
average='weighted')
    acc = accuracy_score(labels, preds)
    return {
        'accuracy': acc,
        'f1': f1,
        'precision': precision,
        'recall': recall
    }
```

使用 transformers 库提供的 Trainer 进行训练。在训练前，首先实例化 TrainingArguments 类，该类包含 Trainer 的超参数，并进行如下设置。

```
from transformers import TrainingArguments
from transformers import Trainer
training_args = TrainingArguments(output_dir='reviews_trainer',
                                  evaluation_strategy="epoch",
                                  per_device_train_batch_size=32,
                                  per_device_eval_batch_size=32,
                                  learning_rate=5e-5,
                                  num_train_epochs=3,
                                  warmup_ratio=0.2,
                                  logging_dir='./reviews_train_logs',
                                  logging_strategy="epoch",
                                  save_strategy="epoch",
                                  report_to="tensorboard")
```

```
trainer = Trainer(
    model,
    training_args,
    train_dataset=tokenized_datasets["train"],
    eval_dataset=tokenized_datasets["test"],
    data_collator=data_collator,
    tokenizer=tokenizer,
    compute_metrics=compute_metrics
)
```

随后，通过 train()方法启动训练。

```
trainer.train()
```

通过图 3-14 所示的进度条查看训练进度。可以发现，随着训练的推进，模型在该数据集上的 F1 分数等指标持续上升。

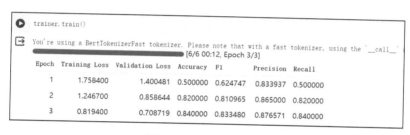

图 3-14　查看训练进度

最后，可以通过如下代码保存模型。

```
trainer.save_model()
```

3.6　小结

本章介绍了大模型的基础架构 Transformer 的相关原理，包括自注意力机制和多头自注意力机制，并且介绍了 Transformer 架构中各个组成部分的作用。

在第 8 章中，我们将按照本章学习的结构层次，基于 PyTorch 框架搭建 Transformer 模型并训练。由于原始 Transformer 模型包含较多复杂的计算过程，因此人们提出了稀疏 Transformer，用于将计算复杂度从 $O(n^2)$ 降低到 $O(n\sqrt{n})$。

同时，由于多模态大模型具有令人惊叹的生成和理解能力，因此本章也加入了对 ViT 模型的介绍。ViT 模型同时也是多个重要模型的核心视觉模块，如 CLIP、MiniGPT-4[80]等。

最后，本章介绍了开发过程中常用的 transformers 库。开发者可以通过该库使用开源的 Transformer 模型。

3.7　课后习题

（1）简述自注意力机制的特点。

（2）位置编码的作用是什么？

（3）transformers 库主要提供哪几类模型？

（4）按照 3.5 节提供的案例，自行在本地进行相关实践，体会 transformers 库的用法。

第 4 章

预训练

预训练为大模型展现的强大能力奠定基础。通过在大型语料库上进行预训练，大模型能够掌握基本的语言理解和生成能力，为后续的任务执行奠定坚实基础。目前，众多优秀的开源预训练模型面世，开发者可以灵活选择和使用。

在大模型开发过程中，预训练扮演着至关重要的角色。它通过海量数据训练基座模型，使得模型能够从原始数据中学习有用的特征。这些特征在后续的微调过程中将发挥重要作用，可以帮助模型更好地适应不同的下游任务。在实际开发过程中，开发者一般不需要自行对模型进行预训练，而是可以选择合适的开源预训练模型，并根据具体任务需求进行微调。

通过在海量的、多模态数据上进行预训练，大模型不仅能够学习广泛、丰富的知识，而且能够打通各种数据、模态之间的语义关联。这使得大模型能够生成知识密集度更高的内容以及具有创新性的内容，即通过广泛的学习和多模态的感知，触发创新意识的产生。

这也充分告诉我们进行专业基础知识学习的重要性与必要性。我们需要广泛学习，眼耳手并用，让更多模态的感知进入我们的大脑，在大脑中实现多内容、多模态的知识融合，以快速、深入地掌握知识，并激发创新思维的火花。

4.1　预训练介绍

在进行模型训练时，开发者常常面临标注数据稀缺的挑战。当某项任务只有极少量的标注数据时，模型往往难以从有限的标注样本中学习有用的知识。

预训练通过整合大量从低成本渠道获取的训练数据，并将这些数据传递给模型，由模型对这些数据的共性知识进行学习，从而形成一种通用的理解能力。一旦模型在预训练阶段获得了这种能力，它就可以被应用到特定任务中。如果使用少量相关领域的标注数据对模型进行微调，它还可以适应具体任务的需求。

随着深度学习的不断发展，模型的参数规模已经突破万亿级，对数据的需求量也越来越大。在这种背景下，研究者可以使用大量的低成本、易获取的无标注语料对模型进行预训练。模型进行预训练的三大优点如下。

- 通过有效利用海量的无标注语料，模型能够学习通用的语言表示，进而提升在下游任务中的表现。

- 预训练为模型提供了一个更好的起点，使得在处理下游任务时能够更快地收敛并获得更好的效果。

- 通过预训练，模型在少量针对下游任务的语料上进行训练时，能够有效降低过拟合风险。这是因为预训练使模型具备了一定的泛化能力，即使在数据量有限的情况下也能具有较好的性能表现。

4.1.1　发展历程

本节以预训练语言模型（Pre-trained Language Model，PLM）为例讲解其发展过程。预训练语言模型是一类通过在大量文本数据上进行预训练，从而学习语言知识的深度学习模型。预训练语言模型的起源可以追溯到 2013 年出现的 Word2Vec 模型。这一时期的模型（包括 Word2Vec、GloVe 等）主要从无标注语料中获取词向量。这些模型在结构上相对简单，但已经可以生成较高质量的词向量，能够成功捕捉文本中潜在的语法和语义信息。但是，由于这类词向量无法随上下文动态变化（它们是与上下文无关的词向量）。这意味着，在面对不同的语境时，这些词向量无法提供灵活的语言表示。因此，在将这些词向量用于下游任务时，通常需要重新训练模型的其余参数以适应特定的任务需求。

随着研究的深入，2017 年 Transformer 的出现将预训练语言模型的发展提升到新的高度。Transformer 模型以独特的自注意力机制和多层结构，使得预训练语言模型在结构和深度上都得到显著提升。随后，一系列基于 Transformer 的模型（如 BERT、RoBERTa、XLNet、T5 等）相继刷新 NLP 领域的各项 SOTA 表现。

4.1.2　模型类型

预训练语言模型可以分为自回归（autoregressive）语言模型和自编码（autoencoder）语言模型两类。

自回归的通俗理解是根据上文内容预测下一个可能出现的单词——主要针对自左向右生成任务。自回归语言模型的代表有 GPT 系列模型、ELMo 模型等。尽管 ELMo 模型在生成内容时同时利用了上下两个方向的文本内容，但由于其本质是拼接两个自回归语言模型的结果，因此也可以将其看作自回归语言模型。

自回归语言模型的优点是擅长自然语言生成任务（如文本摘要、机器翻译等）。人类在生成语言或文本的时候大多按从左向右的方式表达内容，而自回归语言模型也遵循了这种符合人类习惯的内容生成方式。但该类模型的缺点是只能利用上文信息，所以在自然语言理解任务上表现较差。

BERT 是知名的自编码语言模型之一。这类模型会在输入文本中随机掩蔽一部分单词，随后设置预训练任务为根据上下文信息来预测被掩蔽的单词内容。这类模型可以比较自然地融入双向语言模型，同时能够有效利用被预测单词的上下文信息。这类模型的缺点是存在预训练阶段和微调阶段不一致的问题。例如，BERT 模型在预训练任务中使用 MASK 符号掩码部分输入内容，但是这些符号在微调时并不会出现，从而导致预训练与微调之间存在差异。

4.1.3　掩码预训练

掩码在模型的预训练过程中具有重要作用。掩码预训练过程可以简单概括为先将句子中的部分 Token 进行掩码，然后模型根据句子的剩余部分还原被掩码的 Token。通过这种方式，模型被鼓励去学习输入数据的内在结构和上下文信息，从而更好地理解和生成数据。掩码预训练是 BERT 模型重要的预训练任务之一，另一个预训练任务是 NSP（Next Sentence Prediction，下一句子预测）。但后续的 BERT 改进模型如 RoBERTa、ALBERT 均舍弃了 NSP 预训练任务。

BERT 模型的掩码预训练策略经历了多个发展阶段。早期，BERT 模型主要采用随机掩码策略，按照一定的比例对输入的 Token 进行掩码，但这种做法会导致预训练任务与下游任务的不一致问题。2019 年 5 月，Google 公司发布 WWM（Whole Word Masking，全词掩码）版本的 BERT 模型。与随机掩码不同，全词掩码会对整个词进行掩码，而不仅仅是词的部分子词。例如，单词 predict 被切分为 pre、di、ct 时，会同时对其进行掩码。2019 年，百度公司发布 ERNIE 模型，同时提出了 Knowledge Mask 处理方式。该处理方式通过对句子中的特定词组进行遮蔽并预测整个词组。该策略使模型能够更好地捕捉词组、实体之间的关系。

掩码预训练经过多次迭代发展，在大模型训练过程中发挥了重要作用。它不仅提升了模型的泛化能力和稳定性，还为各种 NLP 任务提供了更强大的支撑。通过不断优化和创新掩码策略，我们可以期待未来大模型将在 NLP 领域取得更加卓越的表现。

4.2　预训练任务

复旦大学邱锡鹏教授团队于 2020 年发表的 "Pre-trained Models for Natural Language

Processing：A Survey"一文对预训练任务进行了全面的归纳与总结[81]。如图 4-1 所示，邱教授等以监督学习和无监督学习（包括自监督学习）为分类标准，将预训练任务划分为多种任务类型。

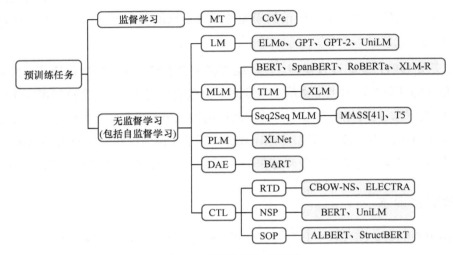

图 4-1　预训练任务分类[81]

在深度学习和自然语言处理领域，LM（Language Modeling，语言建模）是常见的无监督学习预训练任务之一，通常指自回归或单向语言建模。如果仅仅是对双向语言建模的简单拼接，那么该任务依然属于 LM 范畴。注意，这里的 LM 需要与 LM（Language Model，语言模型）进行区分，请勿混淆。

MLM（Masked Language Modeling，掩码语言建模）则是对 LM 无法双向语言建模缺点的改进版，它使用双向的信息来处理自然语言任务。但是，这类方法在引入 MASK 等符号后使得预训练和微调之间存在差异。注意，这里的 MLM 需要与 MLM（Multimodal Large Model，多模态大模型）进行区分，请勿混淆。

为了进一步解决 MLM 存在的问题，PLM（Permuted Language Modeling，全排列语言建模）则对 MLM 的缺陷进行修改。该方法执行在输入文本上进行随机排列后的语言模型建模任务，排列后以部分单词作为目标词，语言模型通过其余的单词及目标单词的位置信息对目标单词进行预测。注意，这里的 PLM 需要与 PLM（Pre-trained Language Model，预训练语言模型）进行区分，请勿混淆。

除此之外，DAE（Denoising Autoencoder，降噪自动编码器）则接收部分损坏的输入，并以恢复原始输入为目标进行训练。CTL（Contrastive Learning，对比学习）则将对比作为主要思想，其常用的任务包括 NSP（Next Sentence Prediction，下一句子预测）任务（判断两个输入句子是否为训练数据中的连续片段）、SOP（Sentence-order Prediction，句子顺序预测）任务（两个连续片段作为正样本，而相同的两个连续片段互换顺序作为负样本）等。

4.3 应用于下游任务的方法

当语言模型通过预训练学习通用的语言知识后,通过迁移学习和微调两种方法将获得的知识应用于下游任务。

4.3.1 迁移学习

迁移学习是指将知识从一个领域迁移到另一个领域。它是深度学习中一种重要的学习策略。其中,多任务学习(如第 1 章所介绍的)便是迁移学习的一种常见形式。迁移学习的核心是训练模型具备举一反三的能力,即根据新旧知识之间的相似性,通过运用已有的知识来学习新的知识。当涉及预训练语言模型时,不同类型的模型通常意味着训练任务、模型结构和训练语料的差异。因此,在进行迁移学习时,需要注意以下 3 点。

- 不同的预训练任务对于不同的下游特定任务具有不同的效果。例如,对于很多 QA(Question Answering,问题回答)任务、NLI(Natural Language Inference,自然语言推理)任务来说,由于模型需要理解两个句子之间的关系,因此,在预训练阶段采用 NSP 预训练任务进行训练,能够有效提高模型在 QA 任务和 NLI 任务上的性能。

- 预训练语言模型的结构对于下游任务也有较大的影响。例如采用 Transformer 的 Encoder 结构的 BERT 模型对于自然语言理解任务拥有很好的表现,但它不擅长处理自然语言生成任务。而采用 Transformer 的 Decoder 结构的 GPT 系列模型对处理自然语言生成任务有着优异的表现。

- 下游任务使用的训练数据的分布应与预训练语言模型使用的数据分布相近。这是因为,如果两者差异过大,可能会导致模型在迁移学习过程中出现性能下降或不稳定的情况。因此,在选择预训练语言模型和训练数据时,需要充分考虑下游任务的需求和数据特点。

4.3.2 微调

微调是自然语言处理领域的常用技术。它通过将预训练语言模型与特定任务领域相适配,利用已经过大型语料训练的预训练语言模型在针对特定任务的小型语料上继续训练。第 6 章将会详细介绍微调的相关知识。

以 BERT 模型为例,将语言模型与特定的下游任务相适配的做法主要有以下 4 种。

- 标准形式的微调(standard fine-tuning):直接以目标任务对模型进行训练,同时更新模型参数。

- 两阶段微调（two-stage fine-tuning）：在第一阶段中使用中间任务或语料对语言模型进行微调或者增量式训练；在第二阶段中针对目标任务对语言模型进行微调，更新模型参数。

- 多任务微调（multi-task fine-tuning）：在多任务框架下对语言模型进行微调。

- 通过额外自适应模块进行微调（fine-tuning with extra adaptation modules）：这种方法已经成为低成本高效语言模型微调的主流方法。在使用过程中，会固定预训练语言模型的参数，只对引入的自适应模块进行训练，进而有效减少语言模型训练的参数量。

4.4　预训练模型的应用

预训练语言模型可以应用于多个领域（包括命名实体任务、问题回答任务、情感分析任务等），同时也有多种评价语言模型能力的评判基准。

（1）GLUE

GLUE（General Language Understanding Evaluation，通用语言理解评估标准）不仅数据规范，体量庞大，而且包含多种子任务数据集。近些年很多大型预训练语言模型均以 GLUE 作为评估数据集。GLUE 由 9 种自然语言理解数据集组成，分别是单句分类任务 CoLA（Corpus of Linguistic Acceptability，语言可接受性语料库）、SST-2（Stanford Sentiment Treebank，斯坦福情感树库），文本对分类任务 MNLI（Multi-Genre Natural Language Inference Corpus，多类型自然语言推理数据库）、RTE（Recognizing Textual Entailment Datasets，识别文本蕴含数据集）、WNLI（Winograd Natural Language Inference，Winograd 自然语言推断）、QQP（The Quora Question Pairs, Quora 问题对数集）、MPRC（Microsoft Research Paraphrase Corpus，微软研究院释义语料库），文本相似性任务 STSB（Semantic Textual Similarity Benchmark，语义文本相似性基准测试），排序任务 QNLI（Qusetion-answering Natural Language Inference，问答自然语言推断）。

（2）问题回答

问题回答（Question Answer，QA）任务是常见的任务类型之一。根据难度类型可以将问题回答任务分为单轮抽取式问题回答任务（如阅读理解数据集 SQuAD）、多轮生成式问题回答任务（如衡量对话式问答能力的数据集 CoQA）和多跳问题回答任务（如大规模问答数据集 HotpotQA）。

（3）情感分析

情感分析（sentiment analysis）任务是指利用自然语言处理技术和文本挖掘技术，对带有感情色彩的文本进行分析、处理和抽取的过程。情感分析侧重于分析主观型文本中蕴含的情感和观点。目前多个情感分析类的预训练语言模型已面世。另外，读者也可以通过对已有语言模型（如 BERT 模型）进行微调以获得更好的情感分类能力。

（4）实体命名

实体命名（named entity recognition）任务是常见的自然语言处理任务，也是问题回答、机器翻译等任务的基础任务。这类任务需要识别文本中具有特定意义的单词，包括人名、地名、专有名词等。

（5）机器翻译

机器翻译（machine translation）是常见的自然语言处理任务之一，所涉及的语言模型通常采用 Transformer 的编码器-解码器结构。在编码器阶段将输入的文本编码为隐层表示，而在解码器阶段将隐层表示解码为目标语言文本。8.4 节将会介绍 Transformer 模型的构建过程，并完成基本的机器翻译任务。

（6）摘要

摘要（summarization）任务是对长文本内容进行总结。2015 年 Rush 等人提出的序列到序列的生成式文本摘要语言模型拉开了文本摘要任务的序幕。近年来，在注意力机制和预训练语言模型的加持下，生成式文本摘要逐渐占据该领域研究的主导地位。

4.5　小结

本章重点阐述了预训练的基本概念及其重要性。预训练的核心目标在于优化模型，使其能够更加出色地适应并完成下游任务。通过预训练，我们可以有效解决模型在面对少量标注数据时，难以提取有价值信息或学习有效能力的问题。当前，微调技术已成为将预训练语言模型成功应用于下游任务的主流方法。在本书的后续章节中，我们将深入探讨多种高效的微调策略，并在第 12 章中提供针对一些开源大模型的详细微调实践指南，以帮助读者更好地理解和应用相关知识。

4.6　课后习题

（1）简述预训练的三大优点。

（2）预训练语言模型可分为哪几类？试列举其代表性语言模型。

（3）简述 PLM 的概念。

第 5 章

训练优化

随着 ChatGPT 等大模型产品掀起新一轮的人工智能浪潮，大模型的参数规模突破万亿级，相应的训练成本也大大增加。为了应对这一挑战，本章将重点介绍针对大模型的训练优化技术及训练加速工具，辅以适当的实践案例，帮助初学者更好地理解和应用这些技术。

大模型的训练优化技术主要应用于预训练和微调阶段。通过采用分布式训练和混合精度训练等方法，我们可以显著提高训练效率，缩短模型训练时间并减少计算资源消耗。这些技术的运用对于处理海量、多模态数据以及应对动态变化的新数据具有重要意义。

在追求高效训练的同时，我们还需要关注优化算法及相关工具的研究。这些算法和工具能够帮助我们在有限的资源条件下更快速地获得优质大模型，从而满足实际应用的需求。

在人才培养与创新活动中，方法与工具都是必不可少的。在目标明确的前提下，做事的方法论往往能让我们事半功倍。同样地，学会使用并掌握新技术时代下的各种有效工具，也是提高学习效率、增强学习效果、促进个人快速成长和不断创新的关键所在。

5.1　模型训练挑战

2020 年，OpenAI 公司的 Kaplan 等人在论文"Scaling Laws for Neural Language Models"中揭示了模型性能与其参数规模之间的紧密联系，他们发现，通常模型的参数规模越大，其学习能力越强，在完成特定任务时的效果越好[82]。如今，各种大模型产品层出不穷，但不可忽视的是其日益庞大的参数规模给大模型训练带来了算力、存储和通信方面的重大挑战。

在算力消耗方面，1.8 万亿参数规模的 GPT-4 模型在 2.5 万个 A100 上需要训练 90～100 天。

在硬件成本和时间成本上，训练大模型带来的开销是一般研究团队或小型公司无法承担的。

在通信方面，受限于显存容量，即使采用目前流行的分布式训练，开发者也需要投入大量时间、精力处理分布式环境的通信问题。

5.2　训练优化技术

目前，大量实验表明，在使用高质量的训练语料进行指令微调（instruction-tuning）的前提下，只有超过百亿参数规模的模型才具备一定的涌现能力，尤其是面对复杂的推理任务，如图 5-1 所示[22]。

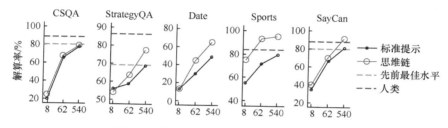

图 5-1　模型参数规模与任务表现折线图[23]

但是，在一般情况下，开发者并不具备如此昂贵的计算资源，尤其是高校的小型科研团队。所以，通过优化策略在有限的算力条件下训练模型是十分有必要的。本节将对数据并行、模型并行等方法进行介绍。

5.2.1　数据并行

在通过传统的训练方法处理超大型模型时，往往会面临极高的算力和存储需求。这不仅增加了训练时间，而且对单一设备的性能提出了巨大挑战。为了克服这些困难，大家开始探索将算力和存储需求分散到多台设备上的方法，以提高训练速度。其中，数据并行（data parallelism）便是解决这一问题的主流策略之一。

数据并行的核心思想是首先将训练任务切分，然后将任务分配到多个进程中。同时每个进程或每台设备维护相同的模型参数和计算任务，但处理的数据并不相同。这种方法极大减轻了单一设备的计算和存储压力。这种方法的执行流程可分为如下两个关键步骤。

（1）输入数据切分

对输入数据进行切分的方式有两种。

方式一：在每个训练迭代开始前，将数据集以并行进程数为基准进行切分，每个进程只读取切分后的数据。

方式二：仅由某个具体的进程负责数据的读取任务。这个进程在读取数据后同样根据并行进程数将数据切分成多个数据块，再将不同数据块发送到对应的进程中。

（2）模型参数同步

由于每个进程处理的数据并不相同，因此它们通过损失函数计算得到的损失值也会有所不同。然而，在训练过程中，我们需要根据这些损失值计算反向梯度并更新模型参数。这就引发了一个关键问题：如何确保所有进程的模型参数能够同步并正确更新？由式（5-1）所示的梯度更新公式可知，只要严格保证下述两点，就能解决这一问题。

$$W_{t+1} = W_t - lr \times \Delta W \tag{5-1}$$

- 每个进程的模型初始参数 W_0 相同；
- 每个进程每次更新时的梯度 ΔW 相同。

目前，保证各个进程中的模型初始参数相同的方法主要有两种。

方法一：在参数初始化时，使用相同的随机种子和相同的顺序来初始化各个进程的模型参数。

方法二：由某一个进程初始化全部参数，并通过广播将模型参数告知其他进程。

在梯度同步方面，一般通过同步通信操作 allreduce[1] 实现。梯度同步过程如图 5-2 所示。这一操作首先会使每个进程得到所有梯度对应位置的和，然后除以数据并行中的进程数，最后得到同步之前所有进程中梯度的平均值。

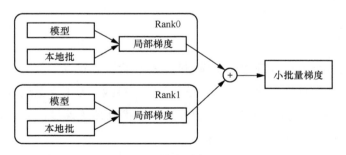

图 5-2　梯度同步过程

经过上述步骤，每个进程将得到完全相同的全局梯度。由于更新前各个进程的模型参数也是相同的，因此在参数更新后，各个进程依然保持模型参数一致。

通过上述方法，数据并行策略能够有效地提升大模型的训练速度，并降低对单一设备性能的要求。这使得更多的研究者和开发者能够利用大规模数据集和复杂模型进行深度学习研

1　allreduce 是一种分布式计算中的同步通信操作，它聚合多个计算节点上的梯度或参数，以确保所有节点在进行下一步训练之前都获得相同、最新的梯度或参数信息。

究与应用开发。

5.2.2 模型并行

在 5.2.1 节中,我们已经学习了数据并行的概念和实现方式。然而,当模型的参数规模增长到单 GPU 设备的显存无法容纳全部参数时,数据并行方法将不再适用。为了应对这一挑战,本节将重点介绍另一种并行策略——模型并行。

与数据并行相反,模型并行将完整模型拆分成多个部分,并将这些部分分配到不同的 GPU 设备上。每台 GPU 设备上只存储模型的一部分参数,而不是完整的模型副本。例如,某个大模型包含 20 层结构,若应用数据并行策略,每台 GPU 设备将存储大模型的全部 20 层结构副本,而若应用模型并行策略,每台 GPU 设备只须存储大模型的部分层结构即可。

实现模型并行的关键在于将模型的不同子网(或层)放置在不同的 GPU 设备上,并编写前向传播函数,以确保设备间的输入输出能够正确协调。以简单的神经网络为例,采用模型并行策略,可以在两个 GPU 中运行该模型。在下面的代码中,将每个线性层放置在不同的设备中,在 forward()方法中转移输入数据和中间结果以匹配每层所属的设备即可。

```python
import torch
import torch.nn as nn
import torch.optim as optim
class TestModel(nn.Module):
  def __init__(self):
    super(TestModel, self).__init__()
    self.net1 = torch.nn.Linear(10, 10).to('cuda:0')
    self.relu = torch.nn.ReLU()
    self.net2 = torch.nn.Linear(10, 5).to('cuda:1')
  def forward(self, x):
    x = self.relu(self.net1(x.to('cuda:0')))
    return self.net2(x.to('cuda:1'))
```

在上述代码中,首先实例化 TestModel 类。此处选择的损失函数为均方误差,优化器为随机梯度下降优化器。在调用损失函数时,需要保证标签(labels)与输出在同一设备中。在如下代码中,由于模型的输出结果在 1 号 GPU 设备中(cuda:1),因此也需要将标签置于该 GPU设备中。

```python
model = TestModel()
loss_fn = nn.MSELoss()
optimizer = optim.SGD(model.parameters(), lr = 0.001)
optimizer.zero_grad()
outputs = model(torch.randn(20, 10))
labels = torch.randn(20, 5).to('cuda:1')
```

```
loss_fn(outputs,labels).backward()
optimizer.step()
```

在大多数场景下，采用模型并行方法进行训练会比在单个 GPU（假设存在一台显存足够大的 GPU 设备）上训练的速度慢。这是因为，训练时会出现一台设备工作，而另一台设备闲置的现象。此时计算资源存在浪费问题。另外，由于中间结果需要不断在设备之间流转，因此这也会减慢运行速度。

5.2.3   流水线并行

为解决模型并行中 GPU 设备利用率低以及中间结果大量占用内存的问题，业界提出了一种名为流水线并行的优化策略。该策略在模型并行的基础上巧妙地结合了数据并行策略，将数据集细分为多个小批次（即 micro-batch），这些小批次是从更大的 mini-batch 中进一步划分得到的。每个 micro-batch 都独立地送入 GPU 设备进行训练，从而实现更高效的资源利用。

以 5.2.2 节提到的示例为基础，此处可以通过流水线输入（pipelining input）的方法加快模型的并行处理速度。具体来说，每个批次的数据被进一步划分为切片（split），这样当一个切片传输至下一个子网络并处理时，新的切片可以立即送入前一个子网络。这种动态的数据流动不仅消除了 GPU 设备的闲置时间，而且显著提高了整体计算效率。

对于中间结果占用大量内存问题，随着模型计算逐层加深，每台 GPU 设备中存储的中间结果也会越来越大。对此，Google 公司提出了 GPipe 框架。该框架采用简单、有效的"用时间换取空间"的方法——Re-materialization。该方法的架构如图 5-3 所示，每台 GPU 设备只保存来自上一台 GPU 设备的最后一层的输出 Z，其余的中间结果算完即废，当计算进行到反向传播步骤时，设备使用保存下来的 Z 重新进行前向传播以得到相关数据。

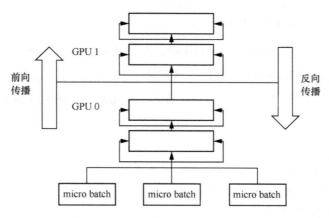

图 5-3   Re-materialization 方法的架构

5.2.4 混合精度训练

混合精度训练是常用的显存优化技术。该方法适用于单机单卡或多卡并行的场景。一般来说,计算机进行浮点运算时采用的精度为 FP32,其中,1 位用于表示数值的正负,8 位用于存储指数部分,表示数值的范围或大小,23 位用于存储小数部分,表示数值的精确度或精度。

在显存优化的场景中,研究人员通常采用牺牲浮点运算精度的方式以降低存储需求。如图 5-4 所示,采用 FP16 精度(也称为半精度)进行浮点运算,只需要 FP32 精度下一半的存储空间即可。但是在 FP16 精度下进行计算容易导致溢出问题。所以,另一种半精度浮点运算 FP16 通过增加指数部分的存储位(损失部分精度)以避免溢出问题。

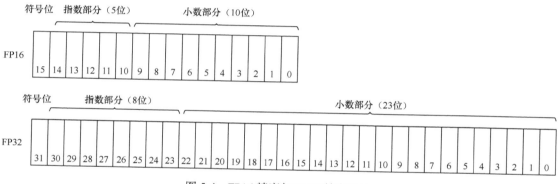

图 5-4　FP16 精度与 FP32 精度对比

对于深度学习任务,由于 FP16 精度的有效动态范围比 FP32 精度的范围窄很多,因此计算过程可能存在下溢出问题。例如,训练后期激活函数的梯度非常小,此时会导致舍入误差。舍入误差是指由于用计算机有限的内存来表示实数轴上无限多的数而造成的近似误差。该误差不应超过计算机中可以表达的两个相邻实数之间的间隔(固定间隔)。

在真实的模型训练场景中,可以将单精度与半精度进行混合以实现浮点运算,这种算法称为 AMP(Automatic Mixed Precision,动态混合精度)。该算法可以动态决定模型中应转化为半精度进行训练的部分,以提高训练效率,有效避免累加时的舍入误差。

Micikevicius 等人在 2017 年发表的论文 "Mixed Precision Training" 中提出 FP32 精度权重备份方法。该方法可以有效避免舍入误差[83]。具体操作(如图 5-5 所示)是在训练中将模型权重、梯度等数据以 FP16 精度的方式进行存储,同时另存一份 FP32 精度的模型权重,以便进行更新。

以 FP32 精度进行额外备份的原因是需要确保整个更新过程能够在足够高的精度下进行。由权重的更新公式可知,梯度与学习率相乘后的乘积值会变得非常小,此时在 FP16 精度下容易产生舍入误差问题。

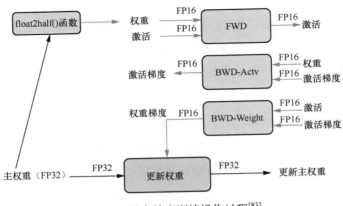

图 5-5　混合精度训练操作过程[83]

5.3　训练加速工具

除了 5.2 节介绍的训练加速技术以外，国内外多家公司推出了自己的大模型训练平台，以提高模型训练的效率和可扩展性，并降低操作难度。本节将介绍一些常用的训练加速工具。读者可以根据实际需求，选择合适的工具进行开发。

5.3.1　DeepSpeed

DeepSpeed 是一个由微软公司研发的开源深度学习优化库，旨在提高模型训练的效率和可扩展性。为了实现这一目标，DeepSpeed 集成了多种先进的技术手段，如模型并行化、梯度累积、动态精度缩放以及本地模式混合精度等。这些技术手段多管齐下，可以显著加速模型的训练过程。

DeepSpeed 还提供了一些辅助工具，如分布式训练管理、内存优化和模型压缩等，以帮助开发者更好地管理和优化大型深度学习训练任务。目前，DeepSpeed 已经在许多大型深度学习项目中得到应用，如语言模型、图像分类、目标检测等。

1. 结构组成

DeepSpeed 的关键组件包括各种 API 和 Runtime 组件。

其中，API 负责提供易用的接口。只需要简单调用接口即可完成模型的训练和推理。其中，最重要的是 initialize 接口，通过在其参数列表中配置训练参数及选用的优化技术等可以初始化引擎。

Runtime（通过 Python 实现）是运行时所必需的组件，也是 DeepSpeed 管理、执行和性能优化的核心组件。功能涵盖从部署训练任务到分布式设备管理、数据分区、模型分区、系统优化、微调、故障检测、权重值保存和加载等。

2. 基本使用方式

在安装 DeepSpeed 之前，请确保运行环境中已经安装 PyTorch（版本号不小于 1.9）。

（1）安装 DeepSpeed

可以通过如下代码安装 DeepSpeed。

```
pip install deepspeed
```

安装完成后，可以通过 DeepSpeed 环境报告验证安装结果（相应命令为 ds_report），并查看计算机与哪些扩展、操作兼容，如图 5-6 所示。

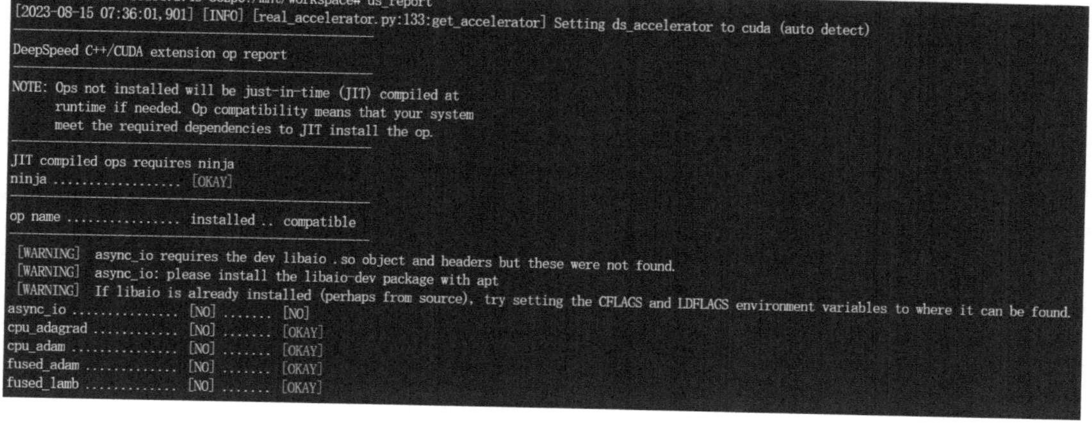

```
root@dsw-239239-66d647d745-86zp6:/mnt/workspace# ds_report
[2023-08-15 07:36:01,901] [INFO] [real_accelerator.py:133:get_accelerator] Setting ds_accelerator to cuda (auto detect)
--------------------------------------------------
DeepSpeed C++/CUDA extension op report
--------------------------------------------------
NOTE: Ops not installed will be just-in-time (JIT) compiled at
      runtime if needed. Op compatibility means that your system
      meet the required dependencies to JIT install the op.
--------------------------------------------------
JIT compiled ops requires ninja
ninja .................. [OKAY]
--------------------------------------------------
op name ................ installed .. compatible
--------------------------------------------------
 [WARNING]  async_io requires the dev libaio .so object and headers but these were not found.
 [WARNING]  async_io: please install the libaio-dev package with apt
 [WARNING]  If libaio is already installed (perhaps from source), try setting the CFLAGS and LDFLAGS environment variables to where it can be found.
async_io ............... [NO] ....... [NO]
cpu_adagrad ............ [NO] ....... [OKAY]
cpu_adam ............... [NO] ....... [OKAY]
fused_adam ............. [NO] ....... [OKAY]
fused_lamb ............. [NO] ....... [OKAY]
```

图 5-6 DeepSpeed 环境报告

（2）模型训练

在训练模型过程中，需要初始化分布式环境、分布式数据并行以及设置混合精度训练等，还可以根据配置文件参数构建和管理训练优化器、数据加载器与学习率调度器等。具体代码如下。

```
    model_engine, optimizer, _, _ = deepspeed.initialize(args = cmd_args, model = model,
model_parameters = params)
```

初始化引擎后，即可通过调用 3 个 API 训练模型——model_engine()方法、backward()方法、step()方法，分别用于前向传播、反向传播和权重更新。具体代码如下。

```
for step, batch in enumerate(data_loader):
    loss = model_engine(batch)
    model_engine.backward(loss)
    model_engine.step()
```

在模型训练过程中，针对保存模型和加载训练结果，可通过 save_checkpoint()和 load_checkpoint()方法实现。其中，参数 ckpt_dir 用于指定模型权重保存的地址；参数 ckpt_id 是唯一标识模型权重的标识符。DeepSpeed 可以自动保存和恢复模型、优化器和学习率调度器状态。如果开发者想要保存模型训练的其他数据，可通过客户端状态字典 client_sd 进行保存。具体代码如下。

```
if step % args.save_interval:
    client_sd['step'] = step
    ckpt_id = loss.item()
    model_engine.save_checkpoint(args.save_dir, ckpt_id, client_sd = client))
```

对于模型训练过程中的配置参数，可以通过配置文件 config.json 决定是否启用某个功能。在下面的 JSON 文件中，可以设置 batch_size 大小、梯度累积的步数、优化器类型、学习率、训练精度、是否使用零冗余优化等。

```
{
    "train_batch_size":8
    "gradient_accumulation_steps":1
    "optimizer":{
        "type":"Adam",
        "params":{
            "lr":0.00015
        }
    },
    "fp16":{
        "enabled":true
    },
    "zero_optimization":true
}
```

对于多机环境，DeepSpeed 通过 hostfile 配置多节点计算资源。hostfile 是主机名（或 SSH 别名）列表，这些机器可以通过无密码 SSH 协议进行访问。在下面的代码中，指定名为 worker-1 和 worker-2 的两台机器各有 4 台 GPU 设备可以用于训练。

```
worker-1 slots = 4
worker-2 slots = 4
```

可以通过如下代码启动模型训练。在 myhostfile 中可以指定所有可用节点和 GPU 设备。

```
deepspeed --hostfile = myhostfile <client_entry.py> <client_args> --deepspeed --deepspeed_config ds_config.json
```

其中，client_entry.py 是模型的入口脚本；client_args 是 argparse 命令行参数；ds_config.json 是 DeepSpeed 的配置文件。

对于多节点环境，若跨多个节点进行训练，DeepSpeed 支持用户定义环境变量。默认情况下，DeepSpeed 将传播所有已设置的 NCCL（NVIDIA Collective Communications Library，NVIDIA 集合通信库）和 Python 相关环境变量。如果要传播其他变量，则可以在 deepspeed_env 文件中进行指定。例如，在下面的代码中，将 NCCL_IB_DISABLE 设置为 1，NCCL_SOCKET_IFNAME= eth0（表示使用名为 eth0 的网络接口进行 GPU 之间的数据传输）。

```
NCCL_IB_DISABLE = 1
NCCL_COCKET_IFNAME = eth0
```

对于单节点环境，若仅在一个节点（一个或多个 GPU）中运行，则不需要添加 hostfile，DeepSpeed 会自动查询本地的 GPU 数量和可用槽数。用户需要把 localhost 指定为主机名。例如，可以通过如下代码只启动当前节点的 GPU 设备。

```
deepspeed --include localhost:1 client_entry.py
```

也可以通过如下代码指定使用 worker-2 的编号为 0 和 1 的 GPU。

```
deepspeed --include = "worker-2:0,1" <client_entry.py> <client_args> --deepspeed
--deepspeed_config ds_config.json
```

5.3.2　Megatron-LM

除了 DeepSpeed 以外，NVIDIA 公司的深度学习研究团队开发的 Megatron-LM 也是用于分布式训练大型 Transformer 模型的常用工具。它对在 GPU 设备上训练模型进行了高度优化。同时，Megatron-LM 不仅支持分布式训练的数据并行，而且支持模型并行（包括张量并行和流水线并行两种方式）。

在数据加载方面，Megatron-LM 内置高效的数据加载器 DataLoader——可以将数据拆分为带有索引的编号序列，从而提高数据处理的效率。

在 GPU 的优化上，Megatron-LM 采用融合 CUDA（Compute Unified Device Architecture，统一计算设备架构，由 NVIDIA 公司推出的通用并行计算平台和编程模型）内核的方法。

一般情况下，GPU 设备在进行计算时会从内存中取出必要的数据并加载，待计算结束后将计算结果保存到内存中。而 Megatron-LM 融合 CUDA 内核的思想则是将原本单独执行的类似操作整合在一起，合并为一个单独的硬件操作，从而实现多个离散计算的合并。这种方法的优势在于显著减少数据在多个离散计算间的内存移动次数，提高计算效率和性能。

如图 5-7 所示，当 a、b、c 操作融合在一个内核中时，可以将 a 和 b 的中间结果 x'和 y' 存储在 GPU 的寄存器中并立即被 c 使用，而不与内存交互，当 c 操作用到两个中间变量时可以直接在 GPU 上进行加载。该项技术显著加快了模型的训练速度。

总的来说，Megatron-LM 通过高效的数据加载器、对模型并行的支持以及融合 CUDA 内核的优化方法，为大型 Transformer 模型的分布式训练提供了强大的支持。这些特性使得

Megatron-LM 成为初学者和专家在深度学习领域中的有力工具。

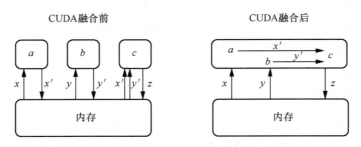

图 5-7   CUDA 内核融合技术示意

5.3.3   Colossal-AI

大规模并行人工智能训练系统 Colossal-AI 通过多维并行、大规模优化、自适应任务调度、冗余内存消除、资源损耗降低等方式，最大限度地提高模型的训练效率，并尽可能降低训练成本。

在任务调度上，Colossal-AI 研究团队针对部分任务调度器缺乏足够的弹性、任务扩展效率差等问题，采用自适应可扩展调度器，能够根据批次大小等因素自适应弹性扩展。

在消除冗余内存上，Colossal-AI 也进行了特殊设计。由于目前行业内性能最强、显存最大的 GPU 也很难以存储全部的大模型参数，因此在训练过程中梯度、优化器状态等信息会进一步消耗显存容量。对此，Colossal-AI 采用 Zero Redundancy Optimizer（零冗余优化器，简写为 ZeRO）技术，对优化器状态、梯度、模型参数进行切分，仅在显卡中保存当前计算所需的数据。同时，在模型推理时，Colossal-AI 还会通过 ZeRO Offload 方法将模型卸载到 CPU 内存或磁盘中，以进一步减少 GPU 资源的占用量。

5.3.4   BMTrain

BMTrain 是由 OpenBMB 团队开源的高效的大模型训练工具包，可以用于训练数百亿参数的大模型。该工具可以在分布式训练模型时保持代码的简洁性。

1. 分布式训练

一般情况下，模型参数、模型梯度、优化器状态以及运算中间变量是模型训练过程中占用显存最多的部分。如图 5-8 所示，在一般的训练过程中，需要在显存中存储一份模型参数和对应梯度。而经典的 Adam 优化器则会保留相当于参数两倍大小的

图 5-8   模型训练显存占比

优化器状态，再加上运算过程中产生的中间结果，显存的占用量会迅速增加。

对于当前百亿参数级的大模型产品，模型权重本身就可能占据约 20GB 的存储空间。按照上述存储需求计算，在训练过程中模型参数、模型权重等显存的占用量会超过 80GB，超过许多显存的存储容量。因此，需要使用分布式训练技术，对模型训练过程中的显存占用量过高问题进行优化。

OpenBMB 团队主要通过数据并行方法降低运算中间变量显存占比以及增大吞吐量，通过 ZeRO 技术降低模型参数、模型梯度和优化器状态的显存占比。与 Colossal-AI 类似，BMTrain 还通过 Optimizer Offload 将优化器状态卸载到内存中，并通过算子融合技术避免储存运算的中间变量，最后通过通信计算重叠进一步降低整套系统的运行时间。

但对于具有大规模参数的模型来说，仅仅通过数据并行方法对显存进行优化的贡献是十分有限的，需要进一步切割模型训练过程中的某些部分。BMTrain 主要采用在显存上进行切割的 ZeRO 技术。

由图 5-8 可知，这种技术能够对优化器状态进行切分，使得每张显卡只负责更新优化器状态对应的部分参数。在训练策略上，ZeRO 技术仍然基于数据并行，将不同的数据划分到不同的显卡上并进行计算。根据优化器状态、模型梯度和模型参数划分程度的不同，ZeRO 技术包含 ZeRO-1、ZeRO-2 和 ZeRO-3 3 个层次，以满足不同场景下的需求。

（1）ZeRO-1

ZeRO-1 技术以数据并行为基础进行实现。在训练过程中，它首先确保获得完整的模型参数更新结果。随后，每台 GPU 设备根据自己的数据集和模型参数，独立地进行前向传播和反向传播。在此过程中，模型梯度和模型参数被完整地保留在每台 GPU 设备上。接下来，ZeRO-1 技术对模型梯度进行切分，以确保每张显卡都能根据自己分配到的优化器状态和模型梯度部分来计算对应的模型参数更新。图 5-9 清晰地展示了 ZeRO-1 技术在分布式训练中的运作原理。通过这种方式，ZeRO-1 技术有效地降低了单台 GPU 设备的显存负担，使得训练更大规模的模型成为可能。

（2）ZeRO-2

ZeRO-2 技术在 ZeRO-1 技术的基础上进一步对梯度进行划分。注意，在反向传播过程中不需要始终保留完整的梯度，在计算当前层梯度时，只需要利用后一层输入的梯度。

ZeRO-2 技术显存占比如图 5-10 所示。ZeRO-2 技术巧妙地利用了反向传播的特性。对于那些不再参与后续反向传播计算的梯度，ZeRO-2 技术能够立即将其划分到多台 GPU 设备上。最后，这些更新后的参数会被同步到其他所有的 GPU 设备上，以确保模型的一致性。

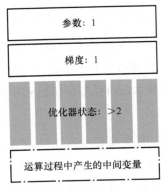

图 5-9　ZeRO-1 技术显存占比

图 5-10　ZeRO-2 技术显存占比

（3）ZeRO-3

如图 5-11 所示，ZeRO-3 技术则更进一步对模型参数部分进行切分。由于每个显卡只有优化器状态的一部分，因此在更新参数时只须维护优化器需要更新的那部分参数。但是，在模型训练过程中，模型的完整参数依然不可或缺。

总之，在应用 ZeRO-3 技术时，在计算模型的每个模块之前需要恢复全部参数，在进行前向传播后，可以释放不需要的参数。在进行反向传播时，重新获取参数以计算和划分梯度。

如图 5-12 所示，通过使用 ZeRO-3 技术对显存进行优化，与模型训练相关的数据均被切碎后分散到不同的显卡中，这样每个显卡中的显存占用量都被降低到极致，每个显卡可以容纳更大的批次，从而充分利用计算核心，带来更大的吞吐量，同时减少训练所需的显卡数量。

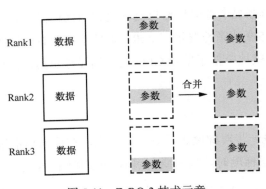

图 5-11　ZeRO-3 技术示意

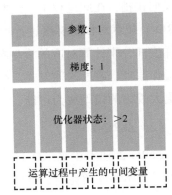

图 5-12　ZeRO-3 技术显存占比

2．显存优化技术

除了上述分布式训练方法以外，BMTrain 还通过 Optimizer Offload 和 Checkpointing 进一步减少冗余的显存占用量，并以牺牲最小的通信代价为前提，做到在极致显存优化下仍然能高效训练。

（1）Optimizer Offload

Optimizer Offload 是指将优化器状态从 GPU 卸载到 CPU 上，从而进一步节省显存。此处以 Adam 优化器为例介绍卸载优化器状态的必要性。

如图 5-8 所示，与模型参数相比，Adam 优化器状态需要至少两份的显存占用量，这在混合精度训练中是一笔非常大的开销。通过使用 ZeRO-3 技术进行梯度切分，每个显卡需要处理的梯度将大幅减少，而将这一部分 GPU 计算卸载至 CPU 产生的通信需求较小，同时CPU 在处理切分后的梯度时也不会特别吃力。

（2）Checkpointing

Checkpointing（也称为亚线性内存优化）是一种用于优化神经网络模型训练时计算图开销的方法。该方法在训练基于 Transformer 的模型时能够起到非常显著的作用。

为了能够在反向传播中计算梯度，需要在前向传播时记录下参数矩阵 W 与输入 x，这两部分参数随着前向传播逐层累积，将会消耗非常多的显存。

因此，BMTrain 使用了 Checkpointing 这种以时间换空间的方法。如图 5-13 所示，在模型各层之间设置检查点，只记录每一层模型的输入向量。在反向传播时，根据最近的检查点重新计算该层的局部计算图。

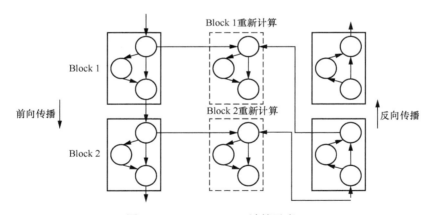

图 5-13　Checkpointing 计算示意

5.4　小结

不断增加的模型参数规模带来了高昂的计算成本、庞大的存储占用和复杂的分布式网络通信设计等方面的挑战。因此，业界提出了多种训练优化技术和训练加速工具。本章主要介绍了大模型训练过程中的常用训练技术（如数据并行、模型并行等）和主流的训练加速工具（如 DeepSpeed、Megatron-LM 等），这些技术和工具均能降低大模型训练时的成本。通过深入学习和掌握这些训练优化技术与训练加速工具，开发者能够更好地理解大模型训练的内在机制，提高训练效率，在实际应用中取得更好的效果。

5.5   课后习题

（1）大模型为人工智能开发带来了哪些挑战？

（2）简述数据并行方法的核心设计思想。

（3）简述模型并行方法的核心设计思想。

（4）流水线并行方法在模型并行方法的基础上做了哪些改进？

（5）融合 CUDA 内核是指什么？

（6）Optimizer Offload 如何节省显存？

第 6 章

模型微调

微调（fine-tuning）是一种在预训练语言模型的基础上使用目标任务数据进行训练的模型训练技术。通过这种技术，开发者可以避免从头训练模型时需要大量数据和计算资源的问题，同时确保模型可以快速收敛，提高模型的准确性和泛化能力。

当前，无论是在计算机视觉还是 NLP 领域，大家广泛采用"预训练+微调"的开发范式。大模型也不例外，它们在通用预训练的基础上也采用微调来适配各种下游任务。大模型首先在庞大的语料库上进行自监督预训练，以构建通用的基础模型。随后，针对特定领域或特定任务，使用少量的额外的语料进行训练，以更好地适应特定领域或特定任务。

由于全量微调（即对预训练语言模型中的所有参数进行更新）会导致巨大的硬件资源和时间消耗，并且如果采用冻结预训练语言模型的大多数层，只微调接近下游任务的若干层，又难以取得较好的效果。为了解决这类问题，PEFT（Parameter-Efficient Fine-Tuning，参数高效微调）技术被越来越多的科研团队采用。该技术能够以较低的硬件资源对模型的少量参数进行训练，以取得与全量微调类似的效果。

模型微调一般用在大模型开发的后训练阶段。当模型在目标任务上表现不佳时，就需要对模型进行微调。"预训练+微调"已然成为大模型训练的标准流程。此外，先在海量基础数据上进行预训练，然后在少量高质量数据上进行微调也成为一种普遍的做法。这种做法使得具有基础能力的大模型能够在各种下游任务上展现出卓越的性能。

由此可知，选择合适的基础数据和微调数据对于大模型的性能至关重要。除了与业务相关的数据以外，我们还需要选择符合我国国情、道德规范、法律法规，能够传承中华文化，具有人文关怀、环境保护意识、创新精神的数据。只有这样，我们才能确保所训练出的大模型具有长久的生命力，并围绕其构建不断扩大的生态系统。

6.1　监督微调

监督微调（Supervised Fine-Tuning，SFT）是一种在预训练语言模型基础上进行的模型调整技术。通过使用标注训练集，监督微调可以使模型更好地适应特定的下游任务。在此过程中，模型将根据训练数据中的标签和特征进行微调，以提高其在该任务上的性能和准确性。通过这种方法，我们可以利用预训练语言模型学习的广泛知识，并针对具体任务进行精细化调整，从而实现更高效的模型应用。对于初学者，掌握监督微调将有助于他们更好地理解和应用大模型，以解决实际问题。监督微调的执行步骤如图 6-1 所示。

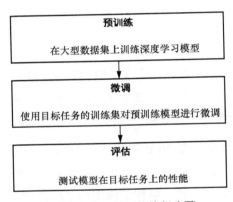

图 6-1　监督微调的执行步骤

监督微调的优势在于能够充分利用预训练模型的参数和结构，以及模型本身具有的相关知识，避免从头训练模型。

BERT 等经典模型均采用预训练与监督微调相结合的方式，获得了比同时期其他模型更优秀的表现。

但该方法的缺陷在于依赖大量的标注数据，如果标注数据量不足，将使微调效果大打折扣。另外，该方法也依赖于选取的预训练模型。

随着大模型技术的发展，传统监督微调方法已经不适用于庞大参数规模的模型微调。同时兼顾训练成本和训练效果的 PEFT 技术逐渐成为模型微调的主流方法。

6.2　PEFT 技术

PEFT 技术的宗旨是通过减少微调参数和降低计算复杂度来提升模型在特定任务上的性能。通过 PEFT 技术，即使在资源受限的场景中，模型也能快速适配新的任务。

大模型微调领域中的常用技术之一。

如图 6-6 所示，LoRA 的设计思路是在原始的预训练模型参数中加入旁路，该旁路由低秩矩阵 A 和 B 组成。该技术与残差连接较为类似。在初始化阶段，矩阵 A 采用随机高斯分布进行初始化，而矩阵 B 则初始化为 0 矩阵。在训练过程中，冻结原模型的参数，只对降维矩阵 A 和升维矩阵 B 进行训练。在训练结束后，将矩阵 B 和矩阵 A 的乘积与原始模型参数相加，从而得到经过微调的最终模型参数。

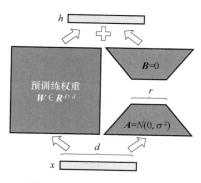

图 6-6 LoRA 的计算过程[89]

例如，现在需要根据下游任务对 GPT-3 模型进行微调，参数的更新计算方式如式（6-1）所示。其中，W_1 代表更新后的模型参数，W_0 表示原始的模型参数，而 ΔW 表示需要更新的参数。

$$W_1 = W_0 + \Delta W \tag{6-1}$$

对于拥有 1750 亿个参数的 GPT-3 模型来说，全量微调的成本非常高，但在使用 LoRA 微调的情况下，只须对低秩矩阵进行微调。假设预训练的矩阵为 $W_0 \in \boldsymbol{R}^{d \times k}$，则模型的参数更新计算方式如式（6-2）所示。

$$W_1 = W_0 + \Delta W = W_0 + BA \tag{6-2}$$

其中，秩 $r \ll \min(d,k)$，矩阵 $\boldsymbol{B} \in \boldsymbol{R}^{d \times r}$，矩阵 $\boldsymbol{A} \in \boldsymbol{R}^{r \times k}$，并且只须训练矩阵 A 和矩阵 B。

在秩 r 的选取上，一般选取 1、2、4、8。针对领域跨度较大的任务，可以适当增大秩 r 的数值。

6.2.7 QLoRA

QLoRA 作为一种高效的微调方法，由华盛顿大学的研究者 Dettmers 等人在论文 "QLoRA: Efficient Fine-tuning of Quantized LLMs" [90]中提出。作为一种高效微调手段，QLoRA 能够将微调大模型时的显存占用降到极低水平，即便使用 48GB 显存的单台 GPU 设备，也能训练参数量高达 650 亿的庞大模型，这无疑为大模型训练带来了里程碑式的改变。在原论文中，作者使用 Guanaco 模型进行微调。经过 QLoRA 方法的优化，Guanaco 模型在 Vicuna 基准测试中展现出优异的性能。

如图 6-7 所示，在技术细节上，QLoRA 实现了 4 位精度微调，采用了低精度的 4 位存储数据类型（NormalFloat）和 16 位的计算数据类型（BrainFloat）。在训练过程中，需要将参数的 NF4 存储数据反量化为 BF16 计算数据类型，使得所有矩阵运算都能在 16 位精度的环境下高效进行。这一设计不仅大幅减少了显存占用，而且保证了计算的精确性和效率，为大模型的快速微调与部署提供了强有力的支持。

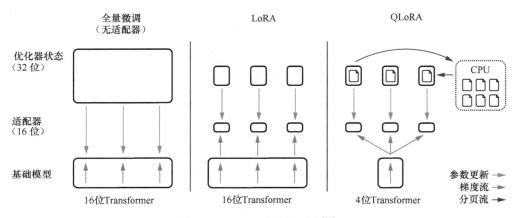

图 6-7　QLoRA 的计算过程[90]

为了防止由梯度检查点引起的内存波动造成的内存不足问题，QLoRA 采用分页优化（Paged Optimizer）技术。该技术会在 GPU 存储空间不足的时候自动将优化器状态转移到 CPU 内存中。

6.3　PEFT 库

训练大模型是一个复杂且资源密集的过程。这一过程通常包括两个阶段：第一个阶段，通过海量的文本数据对模型进行预训练，使其掌握基础的语言理解能力；第二个阶段，针对特定的下游任务对模型进行微调，以优化模型在具体任务上的表现。随着模型参数规模不断扩大，尤其是当参数规模达到 100 亿以上时，这些大型模型展现出在小型模型中难以观察到的强大能力，如上下文学习和思维链推理等。

然而，面对如此庞大的参数规模，如何实现高效且资源消耗较低的微调成为一个巨大的挑战。特别是在样本量有限的情况下，如何有效调整模型参数以获得良好的性能表现更是大家关注的焦点。

为了解决上述问题，多种高效微调方法相继面世（参见 6.2 节），而本节介绍的 Hugging

Face 网站推出的 PEFT 库则对多种微调方法进行了统一封装和整合，使得用户能够更方便地选择和使用合适的微调方法。PEFT 库支持的微调方法有 LoRA、Prefix tuning、P-tuning v1、P-tuning v2、Prompt tuning、AdaLoRA 和 IA3 等。这些方法各具特色，能够满足不同场景和任务的需求。可以使用如下指令安装 PEFT 库。

```
pip install peft
```

6.3.1 关键步骤

本节将介绍使用 PEFT 库时的关键步骤，包括 PeftConfig、PeftModel、保存和加载模型以及模型使用。

1. PeftConfig

每个 PEFT 方法需要由一个 PeftConfig 类（包括具体微调方法的配置类，如 LoRAConfig）来定义。该类存储了用于构建 PeftModel（微调模型）的所有重要参数（一般来说这些方法的参数各不相同）。以 LoRA 为例，需要在 LoRAConfig 中指定如表 6-1 所示的参数。

表 6-1 LoRAConfig 的参数

名称	说明
task_type	任务类型
inference_mode	是否将模型用于推理
r	低秩矩阵的维度
lora_alpha	低秩矩阵的缩放因子
lora_dropout	LoRA 层的 Dropout 概率

以 LoRA 微调为例，我们可以设置如下代码所示的 LoRAConfig 类的参数，其中指定了一个序列到序列的语言模型建模任务。

```
from peft import LoraConfig, TaskType
peft_config = LoraConfig(task_type = TaskType.SEQ_2_SEQ_LM,
                         inference_mode = False,
                         r = 8,
                         lora_alpha = 32,
                         lora_dropout = 0.1)
```

2. PeftModel

通过 get_peft_model() 方法可以创建 PeftModel。该方法需要传入一个基础模型（可以从 transformers 库中加载）和一个包含配置特定 PEFT 方法的 PeftConfig。此处以 mt0 模型为例进行加载。具体代码如下。

```
from transformers import AutoModelForSeq2SeqLM
model_name_or_path = "bigscience/mt0-large"
tokenizer_name_or_path = "bigscience/mt0-large"
model = AutoModelForSeq2SeqLM.from_pretrained(model_name_or_path)
```

可以通过 get_peft_model()方法将模型和 peft_config 配置信息封装起来，以创建 PeftModel。
同时，开发者可以通过如下 print_trainable_parameters()方法输出模型中可训练的参数数量。

```
from peft import PrefixTuningConfig, PeftType, get_peft_model
peft_type = PeftType.PREFIX_TUNING
peft_config = PrefixTuningConfig(task_type="SEQ_CLS", num_virtual_tokens=20)
model = get_peft_model(model, peft_config)
model.print_trainable_parameters()
```

以 mt0 模型为例，输出结果如下。

```
trainable params: 983,040 || all params: 1,230,564,352 || trainable%: 0.07988529802625065
```

3. 保存模型

开发者可以使用 save_pretrained()方法将模型保存在指定目录中。具体代码如下。

```
model.save_pretrained("读者的本地文件地址")
```

也可以使用 push_to_hub()方法将模型保存到 Hugging Face 网站中。具体代码如下。

```
from huggingface_hub import notebook_login
notebook_login()
model.push_to_hub("my_peft_model")
```

6.3.2   微调方法

本节介绍 PEFT 库中主要微调方法的基本使用方式，并比较这些方法的微调参数规模。

1. Prefix tuning

使用 Prefix tuning 时需要设置参数指令文本的长度（num_virtual_tokens）。这个参数一
般设置为 10～20。这里以 Princeton-NLP 仓库提供的 unsup-simcse-roberta-base 模型为例，其
Prefix tuning 微调配置代码如下。

```
from transformers import AutoModelForSequenceClassification
from peft import PrefixTuningConfig, PeftType, get_peft_model
model_name_or_path = "princeton-nlp/unsup-simcse-roberta-base"
peft_type = PeftType.PREFIX_TUNING
peft_config = PrefixTuningConfig(task_type = "SEQ_CLS", num_virtual_tokens = 20)
lr = 1e-2
model = AutoModelForSequenceClassification.from_pretrained(model_name_or_path,
return_dict = True)
```

```
model = get_peft_model(model, peft_config)
model.print_trainable_parameters()
```

输出结果如下。

```
trainable params: 960,770 || all params: 125,607,940 || trainable%: 0.7648959134271289
```

2. Prompt tuning

使用 Prompt tuning 时需要设置参数指令文本的长度（num_virtual_tokens）。这里以 Princeton-NLP 仓库提供的 unsup-simcse-roberta-base 模型为例，其 Prompt tuning 微调配置代码如下。

```
from transformers import AutoModelForSequenceClassification
from peft import PromptTuningConfig, PeftType, get_peft_model
model_name_or_path = "princeton-nlp/unsup-simcse-roberta-base"
peft_type = PeftType.PROMPT_TUNING
peft_config = PromptTuningConfig(task_type = "SEQ_CLS", num_virtual_tokens = 20)
lr = 1e-3
model = AutoModelForSequenceClassification.from_pretrained(model_name_or_path,
                                                           return_dict = True)
model = get_peft_model(model, peft_config)
model.print_trainable_parameters()
```

输出结果如下。

```
trainable params: 607,490 || all params: 125,254,660 || trainable%: 0.4850039112317258
```

从输出结果来看，Prompt tuning 的可训练参数量只有全量微调可训练参数量的 0.49%，并且原论文表明随着模型参数规模的增加，Prompt tuning 取得的效果几乎可以与全量微调的相似。

3. P-tuning v1

与其他方法不同，P-tuning v1 重新审视了关于模板的定义，放弃了"模板由自然语言构成"这一常规要求，从而将模板的构建转化为连续参数优化问题。

使用 P-tuning v1 时需要设置两个参数：一个是 MLP 中间层的参数（encoder_hidden_size），另一个是指令文本的长度（num_virtual_tokens）。这里以 Princeton-NLP 仓库提供的 unsup-simcse-roberta-base 模型为例，其 P-tuning v1 微调配置代码如下。

```
from transformers import AutoModelForSequenceClassification
from peft import PromptEncoderConfig, PeftType, get_peft_model
model_name_or_path = "princeton-nlp/unsup-simcse-roberta-base"
peft_type = PeftType.P_TUNING
peft_config = PromptEncoderConfig(task_type = "SEQ_CLS",
                                  num_virtual_tokens = 20,
                                  encoder_hidden_size = 128)
```

```
lr = 1e-3
model = AutoModelForSequenceClassification.from_pretrained(model_name_or_path,
return_dict = True)
model = get_peft_model(model, peft_config)
model.print_trainable_parameters()
```

输出结果如下。

```
trainable params: 821,506 || all params: 125,468,676 || trainable%: 0.654749875578507
```

4．P-tuning v2

P-tuning v2 的具体用法与 Prefix tuning 基本相同，可看作将擅长文本生成的 Prefix tuning 用于处理自然语言理解任务。P-tuning v2 不仅在输入层加入 Prompts Token，而且在每一层都加入，可以比 Prefix tuning 提供更多的可学习参数。

P-tuning v2 的配置代码与 Prefix tuning 基本相同，都需要设置 PrefixTuningConfig 配置类（两者调用相同的配置类）。其中，各个参数说明如表 6-2 所示。

表 6-2　P-tuning v2 的 PrefixTuningConfig 的参数说明

名称	说明
task_type	指定任务类型，如条件生成任务（SEQ_2_SEQ_LM）、因果语言建模（CAUSAL_LM）等
num_virtual_tokens	虚拟 Token 的数量
inference_mode	是否在推理模式下使用 PEFT 模型
prefix_projection	是否对嵌入进行前缀嵌入（Token），默认值为 False，表示使用 P-tuning v2，如果为 True，则表示使用 Prefix tuning

这里以 Princeton-NLP 仓库提供的 unsup-simcse-roberta-base 模型为例，其 P-tuning v2 微调配置代码如下。

```
from transformers import AutoModelForCausalLM
from peft import get_peft_model, PrefixTuningConfig
model_name_or_path = " princeton-nlp/unsup-simcse-roberta-base"
peft_config = PrefixTuningConfig(task_type = "CAUSAL_LM", num_virtual_tokens = 30)
model = AutoModelForCausalLM.from_pretrained(model_name_or_path)
model = get_peft_model(model, peft_config)
model.print_trainable_parameters()
```

输出结果如下。

```
trainable params: 552,960 || all params: 125,792,260 || trainable%: 0.4395818947843055
```

5．LoRA

LoRA 通过低秩分解将权重更新表示为两个较小的矩阵（称为更新矩阵），从而加速大模型的微调，并减少内存消耗。LoRA 的相关配置参数在 6.3.1 节中已经介绍，在此不赘述。

LoRA 微调最为关键的步骤是秩 r 的选取，它决定了低秩矩阵的大小。这里以 Princeton-NLP 仓库提供的 unsup-simcse-roberta-base 模型为例，其 LoRA 微调配置代码如下。

```
from transformers import AutoModelForSequenceClassification
from peft import LoraConfig, PeftType, get_peft_model
model_name_or_path = "princeton-nlp/unsup-simcse-roberta-base"
peft_type = PeftType.LORA
peft_config = LoraConfig(task_type = "SEQ_CLS",
                         inference_mode = False,
                         r = 8,
                         lora_alpha = 16,
                         lora_dropout = 0.1)
lr = 3e-4
model = AutoModelForSequenceClassification.from_pretrained(model_name_or_path,
return_dict = True)
model = get_peft_model(model, peft_config)
model.print_trainable_parameters()
```

输出结果如下。

```
trainable params: 887,042 || all params: 126,087,172 || trainable%: 0.7035148666828692
```

6. IA3

IA3 由 Liu 和 Tam 等人于 2022 年在论文 "Few-Shot Parameter-Efficient Fine-Tuning is Better and Cheaper than In-Context Learning" [91] 中提出。该方法旨在进一步优化和提升 LoRA 算法的性能。

IA3 的诞生背景是为了改进 LoRA。该方法通过学习向量对激活层加权进行缩放，从而获得更强的性能，同时仅引入相对少量的新参数。这些学习后的向量被注入 Transformer 架构的注意力层和前馈网络层中。该方法冻结原始权重，而这些学习到的向量是微调期间唯一可训练的参数。与 LoRA 更新低秩权重矩阵不同，IA3 方法通过处理学习向量，可以大幅减少可训练参数的数量。

IA3 的配置类 IA3Config 的参数说明如表 6-3 所示。

表 6-3 IA3Config 的参数说明

名称	说明
task_type	指定任务类型，如条件生成任务（SEQ_2_SEQ_LM）、因果语言建模（CAUSAL_LM）等
inference_mode	是否在推理模式下使用 PEFT 模型
target_modules	要替换为 IA3 的模块名称列表或模块名称的正则表达式，如注意力模块
feedforward_modules	target_modules 中被视为前馈网络层的模块名称列表或模块名称的正则表达式
module_to_save	除了 IA3 层之外，要设置为可训练并保存在最终检查点中的模块列表

PEFT 库支持的模型的默认模块名称如表 6-4 所示。

表6-4　默认模块名称

模型	默认模块名称
T5	["k", "v", "wo"]
mT5	["k", "v", "wi_1"]
GPT-2	["c_attn", "mlp.c_proj"]
BLOOM	["query_key_value", "mlp.dense_4h_to_h"]
RoBERTa	["key", "value", "output.dense"]
OPT	["q_proj", "k_proj", "fc2"]
GPT-J	["q_proj", "v_proj", "fc_out"]
GPT-NeoX	["query_key_value", "dense_4h_to_h"]
GPT-Neo	["q_proj", "v_proj", "c_proj"]
BART	["q_proj", "v_proj", "fc2"]
GPT BigCode	["c_attn", "mlp.c_proj"]
LLaMa	["k_proj", "v_proj", "down_proj"]
BERT	["key", "value", "output.dense"]
DeBERTa-v2	["key_proj", "value_proj", "output.dense"]
DeBERTa	["in_proj", "output.dense"]

PEFT 库支持的模型的默认前馈网络层模块名称如表 6-5 所示。

表6-5　默认前馈网络层模块名称

模型	默认前馈网络层模块名称
T5	["wo"]
mT5	[]
GPT-2	["mlp.c_proj"]
BLOOM	["mlp.dense_4h_to_h"]
RoBERTa	["output.dense"]
OPT	["fc2"]
GPT-J	["fc_out"]
GPT-NeoX	["dense_4h_to_h"]
GPT-Neo	["c_proj"]
BART	["fc2"]
GPT BigCode	["mlp.c_proj"]
LLaMa	["down_proj"]
BERT	["output.dense"]
DeBERTa-v2	["output.dense"]
DeBERTa	["output.dense"]

这里以 Princeton-NLP 仓库提供的 unsup-simcse-roberta-base 模型为例，其 IA3 微调配置代码如下。

```
from transformers import AutoModelForCausalLM
from peft import get_peft_model, IA3Config
model_name_or_path = " princeton-nlp/unsup-simcse-roberta-base "
peft_config = IA3Config(task_type = "CAUSAL_LM",
                        target_modules = ["key", "value", "output.dense"],
                        inference_mode = False,
                        feedforward_modules = ["output.dense"])
model = AutoModelForCausalLM.from_pretrained(model_name_or_path)
model = get_peft_model(model, peft_config)
model.print_trainable_parameters()
```

输出结果如下。

```
trainable params: 64,512 || all params: 126,151,684 || trainable%: 0.05113843743853629
```

7. AdaLoRA

AdaLoRA 由 Zhang 等人在论文 "Adaptive Budget Allocation for Parameter-Efficient Fine-Tuning" [92] 中提出。AdaLoRA 对 LoRA 进行了改进，它可以根据重要性评分来动态分配参数预算给权重矩阵，具体做法如下。

步骤 1：调整秩的分配情况。AdaLoRA 为关键的矩阵分配高秩，以捕捉更精细和任务特定的信息，同时降低较不重要的矩阵的秩，以防止过拟合并节省计算资源。

步骤 2：以 SVD（Singular Value Decomposition，奇异值分解）的形式对增量更新进行参数化，并根据重要性评分裁剪不重要的奇异值，同时保留奇异向量。通常对一个大矩阵进行精确的 SVD 计算消耗非常大，而这种方法通过减少它们的参数预算来加速计算过程，同时保留未来恢复的可能性并稳定训练。

步骤 3：在训练损失中添加额外的惩罚项，以规范奇异矩阵 P 和 Q 的正交性，从而避免大量的 SVD 计算并稳定训练。

这里以 Princeton-NLP 仓库提供的 unsup-simcse-roberta-base 模型为例，其 AdaLoRA 微调配置代码如下。

```
from transformers import AutoModelForCausalLM
from peft import get_peft_model, AdaLoraConfig
model_name_or_path = " princeton-nlp/unsup-simcse-roberta-base "
peft_config = AdaLoraConfig(peft_type = "ADALORA",
                           task_type = "SEQ_2_SEQ_LM",
                           r = 8,
                           lora_alpha = 32,
                           target_modules = ["key", "value"],
                           lora_dropout = 0.01)
model = AutoModelForCausalLM.from_pretrained(model_name_or_path, return_dict = True)
```

```
model = get_peft_model(model, peft_config)
model.print_trainable_parameters()
```

输出结果如下。

```
trainable params: 442,656 || all params: 126,594,364 || trainable%: 0.3496648555381186
```

6.4　小结

本章主要介绍了模型微调的相关技术。在大模型发展的早期，BERT 和 GPT 系列模型主要依赖于预训练与监督微调结合的方式来进行模型训练。然而，随着模型参数规模不断扩大，传统的监督微调方法逐渐暴露出硬件资源消耗大、训练效率低等问题。为了解决这些问题，LoRA、QLoRA 等参数高效微调技术被相继提出。这些技术通过巧妙的结构设计和算法优化，能够在较低的硬件资源下实现高效的模型微调，同时保持较好的性能表现。这使得资源有限的小型科研团队也能够轻松研发出支持特定领域的专属模型，进而推动大模型技术的普及和应用。

6.5　课后习题

（1）什么是监督微调？

（2）监督微调的优势是什么？

（3）Prefix tuning 中的 prefix 是指什么？

（4）简述 Prompt tuning 与 Prefix tuning 的区别。

（5）简述 P-tuning v1 与 Prefix tuning 的区别。

（6）P-tuning v1 存在哪些问题？P-tuning v2 如何进行改进？

（7）LoRA 的基本设计思路是什么？

（8）学习 6.3 节 PEFT 库的基本使用方式，并实践所提到的案例。

第7章

模型推理

大模型的训练是一个从现有数据中汲取知识、提升能力的过程,而推理则是运用这些学习到的能力,迅速且高效地对未知的数据进行处理,以获得预期的结果。在本章中,我们将聚焦大模型开发流程的应用层面,重点探讨如何以低成本、高效率的方式使用大模型进行推理。

模型推理的速度和质量对系统用户体验至关重要。过慢的推理速度会导致系统的整体运行效率降低,进而影响用户的满意度与体验感。开发者在面对推理性能瓶颈问题时,需要选择合适的推理框架,以优化推理服务的质量和速度。

大模型的预训练与微调阶段专注于模型功能增强和性能提升,而推理阶段则是将模型应用于具体场景下的实践环节。同一个大模型,在面对不同的软硬件环境、业务环境、操作流程、使用者时,应该能根据实际情况进行针对性的调整与优化,通过本章介绍的技术来减少模型对资源的需求量,并且提高运行速度,从而推动大模型技术的广泛应用,为人们的生产和生活带来实质性的便利。

我们在校园里的学习类似于大模型通过训练完善功能与提高性能,而毕业以后进入不同的领域、岗位,则类似于大模型训练成功后应用于某个领域或场景,要解决指定的问题。所以,我们在毕业进入岗位后,也要根据所在的领域、岗位的要求,将之前所学的知识进行聚集、蒸馏提纯,基于岗位目标激活所需知识,并且通过缓存重复、关键内容关注等方法,在实践中盘活自己所学的知识,这样的话,不仅能够不断提升自己的信心,而且能够促进个人快速成长,从而作出更多、更大的贡献。

7.1 模型压缩和加速技术

本节将介绍多种推理效率提升技术。这些技术主要分为如下两类。

- 减小模型尺寸：常见的方法包括模型量化、知识蒸馏、权重共享等。这些方法可以减少存储空间的占用、提高模型的加载速度和推理速度等。

- 减少计算操作：常见的方法包括模型剪枝和稀疏激活等。这些方法的核心思想是用更高效、计算量更少的操作来代替模型中原有的操作。

7.1.1 模型量化

目前深度学习在计算机视觉和自然语言处理等领域都取得了巨大的成功。通过应用深度学习技术，开发者可以构造处理各种任务的高性能模型。该类模型的规模大多比较庞大，需要一定的硬件资源才能进行推理，并不适用于低硬件水平的场景。然而，在实际应用时需要将模型部署到硬件资源受限的场景中。

为了解决上述问题，开发者可以通过模型量化来降低模型对硬件资源的占用需求，但是这种方式不可避免地会造成精度损失。模型量化是指将神经网络中的浮点运算转换为定点运算。例如，原来模型的权重是 32 位浮点数（FLOAT 32）类型，通过模型量化，可以将模型权重转变为 8 位整数（INT 8）类型。量化前后浮点模型和定点模型的区别如表 7-1 所示。

表 7-1　量化前后浮点模型和定点模型的区别

对比项	浮点模型	定点模型
参数量	大	小
计算量	大	小
内存占用	多	少
精度	高	低

需要注意的是，由于从浮点运算到定点运算的转换不可避免地会引入一定程度的精度损失，因此，在进行模型量化时，开发者需要权衡模型量化与精度损失之间的关系，以确保在降低资源需求的同时，模型的性能仍然能够满足实际应用的需求。

模型量化可以在浮点数值与定点数值之间建立一种数据映射关系。浮点数到定点数的计算方式如式（7-1）所示。

$$Q = \frac{R}{S} + Z \qquad\qquad (7\text{-}1)$$

其中，R 表示真实的浮点数值；Q 表示量化后的定点数值；Z 表示 0 浮点数值对应的量化定点数值；S 为浮点数值量化后可表示的最小刻度（S 或称为收缩因子）。

由定点数值到浮点数值的反量化计算方式如式（7-2）所示。

$$R = (Q - Z) \times S \qquad\qquad (7\text{-}2)$$

同时，S 和 Z 的计算方法如式（7-3）和式（7-4）所示。其中，R_{max} 表示最大的浮点数值；R_{min} 表示最小的浮点数值；Q_{max} 表示最大的定点数值；Q_{min} 表示最小的定点数值。

$$S = \frac{R_{max} - R_{min}}{Q_{max} - Q_{min}} \qquad (7\text{-}3)$$

$$Z = Q_{max} - \frac{R_{max}}{S} \qquad (7\text{-}4)$$

7.1.2 知识蒸馏

在有限的硬件资源下部署深度学习模型一直是业界亟须解决的难题。2006 年，Bucilua 等人首次提出，通过模型压缩技术迁移大型或集成模型中的信息去训练小型模型时，精度不会显著下降[93]。基于上述观点，Hinton 等人于 2015 年在论文 "Distilling the Knowledge in a Neural Network" [94]中正式提出知识蒸馏（knowledge distillation）的概念，认为小型学生模型应由大型教师模型指导监督。在训练小型学生模型时，应当借助大型教师模型的指导和监督，从而实现知识的有效传递。

如今知识蒸馏已经成为一种常用的模型压缩方法。它通过提取已经训练完成的大型模型中的知识，并将其蒸馏到另一个小型模型中，从而实现在有限硬件资源下的高效知识传递。

如图 7-1 所示，知识蒸馏采用了教师—学生（teacher-student）模式。在该模式中，已训练完成的大型模型被称为教师模型，小型模型被称为学生模型。对于一个分类任务，训练数据集中的标签称为 Hard label（在训练数据集中，除了正标签以外，其他负标签都是 0），教师模型预测的概率输出为 Soft label（在该输出结果中，每个类别基本上都分配到一定的概率，从而提供更为丰富的信息），Temperature 代表用来调整 Soft label 平滑程度的超参数。

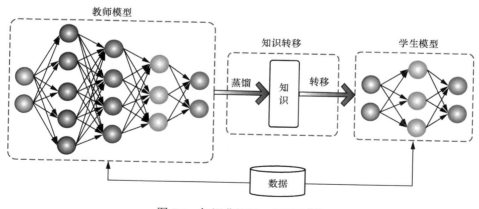

图 7-1　知识蒸馏的一般结构[95]

不同于传统训练方法执着于精确拟合训练数据，知识蒸馏的核心目标是教会学生模型如何更好地泛化新的、未见过的数据。以 MNIST 数据集的手写识别任务为例，当某个手写数字 2 因书写风格与数字 3 高度相似时，那么在教师模型的 Softmax()方法的输出结果中，数字 3 对应的概率可能会比其他负标签更高，此时模型认为该样本与该负标签（数字 3）之间存在较强的相关性，而在原数据集的 Hard label 中，所有负标签的地位相同（概率都是 0），缺乏这样的细微差别。

因此，知识蒸馏方法为学生模型提供了更为多样和丰富的信息。学生模型不仅能够学习到正确的分类结果，而且可以通过学习教师模型的输出结果捕捉到数据之间的复杂关系和不确定性。理论上，这种方法有望获得比单独训练学生模型（仅通过 Hard label 拟合训练数据）更好的性能。此外，Soft label 的概率分布熵越大，表明其包含的信息量越大，对学生模型的学习也越有益。

下面介绍使 Soft label 分布熵增大的具体做法。对于一个向量 $z = [z_1, z_2, \cdots, z_j]$，向量中某一个元素 z_i 的 Softmax 值可以表示为式（7-5）所示的形式。

$$\text{Softmax}(z_i) = \frac{e^{z_i}}{\sum\limits_{j} e^{z_j}} \qquad (7\text{-}5)$$

但经过实践检验，在使用一般形式的 Softmax()方法时，教师模型输出的 Soft label 分布熵相对较小，负标签的值接近于 0，对于损失函数的贡献可以忽略不计。所以，可以考虑在公式中增加温度变量 T，并将 Softmax()方法改写为如式（7-6）所示的形式。

$$\text{Softmax}(z_i) = \frac{e^{\frac{z_i}{T}}}{\sum\limits_{j} e^{\frac{z_j}{T}}} \qquad (7\text{-}6)$$

其中，温度 T 的值越大，Softmax()方法的输出结果的分布越趋于平滑，这意味着各个类别的差异会相对减小。在这种情况下，输出的分布熵也会随之增大，不确定性持续增加。值得注意的是，较大的温度 T 的值会相对放大负标签所携带的信息，使得模型在训练过程中更加关注负标签。

在了解上述知识后，接下来介绍知识蒸馏的具体步骤：第一步，训练教师模型，使其能够在特定任务上取得较高的性能；第二步，在温度 T 下，教师模型产生 Soft label，这些标签中包含了模型对各个类别的概率预测；第三步，使用 Soft label 和 Hard label 同时训练学生模型，在这一过程中，学生模型不仅需要学习如何正确分类样本，还需要模仿教师模型的概率输出结果；第四步，当模型训练完成后，设置温度 T 为 1，模型在不受温度的干扰下进行推理。需要注意的是，高温蒸馏过程中的目标函数的损失值由蒸馏损失（distill loss，对应学生模型输出结果与教师模型输出结果之间的差异）和学生损失（student loss，对应学生模型在温度 T 为 1 的情况下，输出结果与真实标签之间的差异）加权得到，如图 7-2 所示。这种加权方式允许我们在训练过程中平衡两者的重要性，从而实现更有效的知识传递和学生模型的学习。

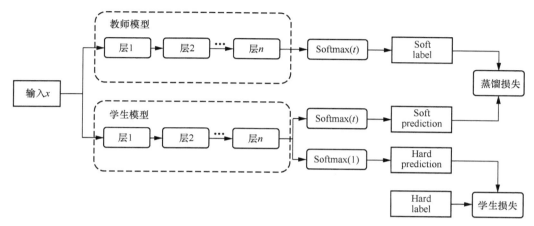

图 7-2　目标方法的计算过程

目标方法的损失值的计算公式可以简化为如式（7-7）所示的形式。

$$L = \alpha L_{\text{Soft}} + \beta L_{\text{Hard}} \tag{7-7}$$

其中，教师模型在温度 T 下产生的 Softmax() 输出结果作为 Soft label，学生模型在同样的温度 T 下的输出结果与 Soft label 进行交叉熵计算，以衡量学生模型与教师模型之间的差异（作为 L_{Soft}），计算方式如式（7-8）所示。

$$L_{\text{Soft}} = -\sum_{i}^{N} p_i^T \log\left(q_i^T\right) \tag{7-8}$$

其中，p_i^T 是指教师模型在温度 T 下经由 Softmax() 方法计算输出的第 i 类的概率，而 q_i^T 则是学生模型在同等条件下的输出结果，N 代表总的标签数量。

学生模型在温度 T 等于 1 的条件下的输出与真实标签之间的交叉熵构成了损失函数的 L_{Hard} 部分。计算方式如式（7-9）所示。

$$L_{\text{Hard}} = -\sum_{i}^{N} c_j \log\left(q_i^1\right) \tag{7-9}$$

其中，c_j 代表真实标签的取值（取值范围包含 0 或 1），q_i^1 代表学生模型在温度 T 等于 1 的情况下在第 i 类上的输出概率。

L_{Hard} 的作用是有效降低错误被传递给学生模型的风险，因为即使教师模型的知识远超学生模型，但仍然有出错的可能性。这时，如果学生模型能同时参考教师模型的输出和真实标签值，就可以有效降低被教师模型的偶然错误所误导的可能性，并能学习教师模型的泛化能力。

除了上述从教师模型的输出结果中蒸馏知识的方法以外，在论文"FITNETS: Hints for Thin Deep Nets"[96]中，研究人员提出了特征蒸馏方法：学生模型需要学习并模仿教师模型中间层的特征表示。在原论文中，作者将那些与教师模型相比，拥有更多层数且每层具有较少神经元数量的学生模型称为"Thin Deep Network"，以教师模型的输出和中间层特征作为参考，改进学生模型的性能。

如图 7-3 所示，在模型结构上学生模型更深、更窄。在图 7-3（a）中，需要使用教师模型的隐层输出对学生模型进行训练，这一过程称为特征蒸馏。

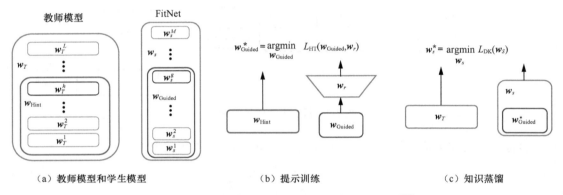

（a）教师模型和学生模型　　　　　（b）提示训练　　　　　（c）知识蒸馏

图 7-3　使用教师模型的隐层输出训练学生模型[96]

7.1.3　模型剪枝

受制于低延迟（low latency）、高吞吐（high throughput）、高效率（high efficiency）的挑战，模型剪枝（pruning）是比较低成本将大模型部署于真实工业场景时的常用技术。模型压缩算法可以将参数量庞大、结构复杂的大型预训练模型压缩为对硬件需求更低、推理速度更快的小型模型。在众多模型压缩方法中，模型剪枝因其简单和高效的特性而广受欢迎，它的核心思想是减少模型中不重要的权重。

模型剪枝又可以称为模型稀疏化，它通过剔除模型中不重要的参数，以达到减少参数量和计算量的目的。经过实验验证（主要以直方图的形式对网络各层的权重数值进行统计），研究者发现在训练前后，网络各层权重的数值分布与正态分布类似，即数值越接近于 0，权重分布越多，这种现象被称为权重稀疏现象。

在论文"Learning both Weights and Connections for Efficient Neural Networks"[97]中，Han 等人发现，不同类型、不同顺序的网络层在权重剪枝后的影响也各不相同。以 AlexNet 的卷积层（convolutional layer）和全连接层（fully connected layer）的剪枝敏感性实验为例，结果

他数据之外，与注意力机制相关的 KV Cache 占据约 30%的内存。图 7-8 展示了模型在 NVIDIA A100 GPU 中推理时的显存分布情况。

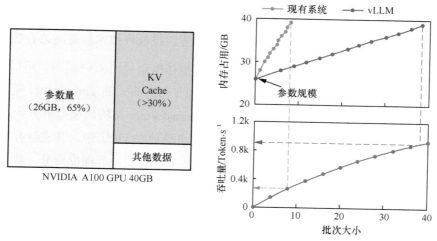

图 7-8　模型在 NVIDIA A100 GPU 中推理时的显存分布[101]

由于需要存储模型的权重，因此该研究团队将重点聚焦对 KV Cache 的管理。研究发现，现有系统的管理方式相对低效，而且存在如下两个问题：

- 现有系统存在内部和外部的内存碎片；
- 现有系统无法实现内存共享。

针对上述问题，该研究团队提出 PagedAttention 算法，将请求的 KV Cache 分块，每个块内包含一定数量 Token 的 K 值和 V 值，并且同一个 KV Cache 的块不一定存在连续空间中，并且实现了以块为粒度的内存共享。vLLM 的架构如图 7-9 所示。

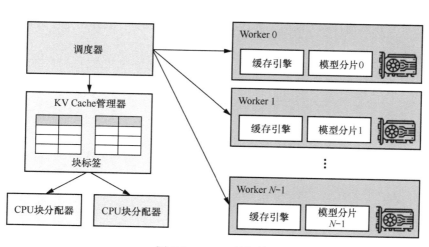

图 7-9　vLLM 的架构

除了 vLLM 之外，Hugging Face 网站的 TGI、FasterTransformer 也是常用的大模型推理框架。

3.5 节介绍的 transformers 库的 Pipeline 可以统一大模型的推理流程，提供简单易用的接口，而 TGI 则关注高性能文本推理任务，支持主流的开源模型，包括 LLaMA2、Falcon、BLOOM 等。TGI 框架支持张量并行推理，并支持传入请求连续批处理技术以提高总吞吐量。

FasterTransformer 框架由 NVIDIA 公司提出，整体框架采用 C++编写，可以在 GPU 上快速推理。与其他框架相比，FasterTransformer 框架支持分布式的 Transformer 模型推理。该框架主要通过张量并行和流水线并行技术将基于 Transformer 架构的模型拆分到多个计算节点上。例如，当某个张量被分块时，可以将每个块单独放在 GPU 中，并进行并行处理，通过组合各个 GPU 上的计算结果以得到最终张量。如果将模型进行深度拆分，将模型不同的层放置在不同的 GPU 节点上，则可以通过流水线并行技术进行推理。

7.3　小结

本章偏向于理论介绍，讲解了常用的模型压缩和加速技术的原理。所有技术可归为两类——减小模型尺寸和减少计算操作。其中，模型量化是开发者在硬件资源有限情况下进行模型推理的常用技术。而在实际开发过程中，需要考虑模型所提供的推理服务是否高效，此时就可以通过 vLLM、TGI、FasterTransformer 等框架来提高推理服务质量。

7.4　课后习题

（1）推理效率提升技术有哪两种常用思路？分别列举其代表性方法。

（2）在设计知识蒸馏目标方法时，为什么要加入 L_{Hard} 部分，其作用是什么？

（3）稀疏激活是指什么？

第 8 章

PyTorch 框架

在大模型开发过程中，PyTorch 是常用的深度学习框架。它是由 Facebook 公司（现 Meta 公司）开发的基于 Python 语言的开源深度学习框架，针对 GPU 加速进行了特殊优化，可以满足在短时间内高效处理大规模数据集的要求。同时，PyTorch 支持动态神经网络功能，允许开发者逐层对神经网络进行修改，并内置自动求导机制，极大地方便开发与调试模型。

在第 12 章中，我们讲解的一些开源模型的微调过程就需要使用 PyTorch 框架进行微调代码的编写。

像 PyTorch 这样的深度学习框架，通过集成众多高效且易用的算法和工具，显著缩短了开发大模型所需的时间，并提高了开发质量。PyTorch 框架使得开发者能够迅速将创新想法转化为实际的应用。

我们在学习、科研、工作过程中，首先要明确自己的基础知识水平和目标，找到适合自己的方法论。同时，也要发现能够提高效率和质量的优质工具。许多基础性的、公共性的工作完全可以交由这些工具来完成，而无须自己凡事都亲力亲为。正是这些工具和框架的广泛应用，推动了软件产业化的繁荣发展。

软件开发未来的发展方向是业务与技术的进一步分离，这意味着开发人员和创新人员可以将更多精力集中在业务创新上，而不必过多地关注底层技术的实现。在大模型时代，随着越来越多创意工具的出现，善于使用这些基于大模型的工具将成为一种必然选择，有助于我们更高效地推动业务进步和技术创新。

8.1 安装与配置

目前，PyTorch 支持主流操作系统（如 Linux、macOS、Windows）。可以在 PyTorch 官

方网站选择所需的 PyTorch 版本，并复制其安装命令，在自己的设备上进行安装，如图 8-1 所示。

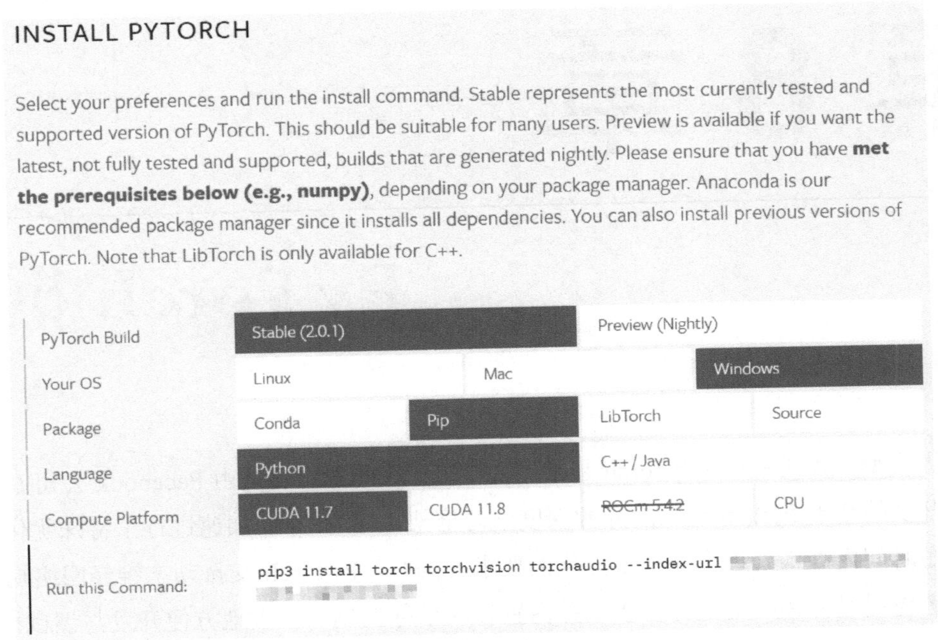

图 8-1　在 PyTorch 官方网站中选择安装版本

这里以 Windows 操作系统为例进行介绍。首先打开命令提示符工具，然后输入图 8-1 中的安装命令，即可进行下载。若显示"Successfully installed"字样，则表示 PyTorch 安装成功。

8.2　基础组件

本节主要介绍 PyTorch 的基础组件，包括张量、CUDA 张量、Autograd、DataLoader 等。

8.2.1　张量

PyTorch 的张量（tensor）是一种多维数组，它是标量、向量、矩阵的拓展，可以看作是一个数据容器。张量的维度（dimension）通常称为轴（axis），张量轴的个数也叫作阶（rank）。张量类似于 NumPy 的 ndarray 数组，可以在 GPU 设备上使用以加速计算，并且支持自动求梯度等功能。这使得张量更加适合深度学习。

（1）创建张量

torch.empty()方法用于声明一个未初始化的张量。可以使用该方法构造简单的张量并查看其输出结果。这里以一个 5×3 的未初始化张量为例进行介绍。具体代码如下。

```
import torch
x = torch.empty(5, 3)
print(x)
```

输出结果如下。

```
tensor([[2.7298e+32, 4.5650e-41, 2.7298e+32],
        [4.5650e-41, 0.0000e+00, 0.0000e+00],
        [0.0000e+00, 0.0000e+00, 0.0000e+00],
        [0.0000e+00, 0.0000e+00, 0.0000e+00],
        [0.0000e+00, 0.0000e+00, 0.0000e+00]])
```

torch.rand()方法用于随机初始化一个张量。具体代码如下（张量维度为5×3）。

```
import torch
x = torch.rand(5, 3)
print(x)
```

输出结果如下。

```
tensor([[1.1608e-01, 9.8966e-01, 1.2705e-01],
        [2.8599e-01, 5.4429e-01, 3.7764e-01],
        [5.8646e-01, 1.0449e-02, 4.2655e-01],
        [2.2087e-01, 6.6702e-01, 5.1910e-01],
        [1.8414e-01, 2.0611e-01, 9.4652e-04]])
```

也可以通过直接向 torch.tensor()方法传递具体数值列表（如[6.6, 9.9]）来创建张量。具体代码如下。

```
import torch
x = torch.tensor([6.6, 9.9])
print(x)
```

输出结果如下。

```
tensor([6.6000, 9.9000])
```

torch.zeros()方法用于创建数值均为 0 的张量，类似的方法如 torch.ones()可以创建数值均为 1 的张量。具体代码如下。

```
import torch
zeros = torch.zeros(5, 3, dtype = torch.long)
print(zeros)
```

输出结果如下。

```
tensor([[0, 0, 0],
        [0, 0, 0],
        [0, 0, 0],
        [0, 0, 0],
        [0, 0, 0]])
```

torch.LongTensor()方法用于创造一个统一的长张量。

```
import torch
x = torch.LongTensor(3, 4)
print(x)
```

输出结果如下。

```
tensor([[94006673833344,    210453397554,    206158430253,    193273528374],
        [  214748364849,    210453397588,    249108103216,    223338299441],
        [  210453397562,    197568495665,    206158430257,    240518168626]])
```

torch.FloatTensor()方法可以创建浮点数类型的张量。具体代码如下。

```
import torch
x = torch.FloatTensor(3, 4)
print(x)
```
输出结果如下。

```
tensor([[-0.0000e+00,   1.6335e+00,   1.0842e-19,   1.8433e+00],
        [ 0.0000e+00,   1.4119e+00,  -2.0000e+00,   1.8200e+00],
        [-0.0000e+00,   1.5081e+00,   3.6893e+19,   1.7640e+00]])
```

同时，PyTorch 也提供了对已存在的张量的形状进行修改的方法。例如，通过 torch.arange()方法可以创建由 10 以内数值组成的张量，并使用 torch.view()方法将该张量的形状变为 2×5。具体代码如下。

```
import torch
x = torch.arange(10, dtype = torch.float)
print(x)
print(x.view(2, 5))
```

输出结果如下。

```
tensor([0., 1., 2., 3., 4., 5., 6., 7., 8., 9.])
tensor([[0., 1., 2., 3., 4.],
        [5., 6., 7., 8., 9.]])
```

torch.view()方法和 torch.permute()方法都可以改变张量的形状，但它们的用途和效果有所不同。torch.view()方法用于重新塑形张量，即改变张量的形状而不改变其数据。它要求新形状与原张量中的元素总数相同。torch.view()方法返回一个新的张量视图，原始张量和视图共享相同的数据内存。若向 torch.view()方法传入参数−1，则表示自动调整张量的形状。

torch.permute()方法可用于改变张量的维度顺序。它返回一个新的张量，其维度按照指定的顺序重新排列。具体代码如下。

```
import torch
```

```
x1 = torch.tensor([[1., 2., 3.], [4., 5., 6.]])
print("x1: \n", x1)
print("\nx1.shape: \n", x1.shape)
print("\nx1.view(3, -1): \n", x1.view(3 , -1))
print("\nx1.permute(1, 0): \n", x1.permute(1, 0))
```

输出结果如下。

```
x1:
 tensor([[1., 2., 3.],
         [4., 5., 6.]])
x1.shape:
 torch.Size([2, 3])
x1.view(3, -1):
 tensor([[1., 2.],
         [3., 4.],
         [5., 6.]])
x1.permute(1, 0):
 tensor([[1., 4.],
         [2., 5.],
         [3., 6.]])
```

（2）张量加法

在 PyTorch 中，张量的加法有 3 种实现方式，包括直接使用"+"运算符、torch.add()方法以及直接修改 Tensor 变量方法。具体代码如下。

```
import torch
x = torch.rand(5, 3)
y = torch.rand(5, 3)
print('方法1:',x + y)
result = torch.empty(5, 3)
torch.add(x, y, out = result)
print('方法2:',result)
y.add_(x)
print('方法3:',y)
```

输出结果如下。

```
方法1: tensor([[1.4664, 0.9098, 1.0397],
        [0.8056, 0.5080, 1.5319],
        [0.9494, 0.8902, 0.6953],
        [0.3732, 0.7545, 1.5951],
        [1.1646, 1.2261, 0.8636]])
方法2: tensor([[1.4664, 0.9098, 1.0397],
        [0.8056, 0.5080, 1.5319],
        [0.9494, 0.8902, 0.6953],
        [0.3732, 0.7545, 1.5951],
```

```
        [1.1646, 1.2261, 0.8636]])
方法 3: tensor([[1.4664, 0.9098, 1.0397],
        [0.8056, 0.5080, 1.5319],
        [0.9494, 0.8902, 0.6953],
        [0.3732, 0.7545, 1.5951],
        [1.1646, 1.2261, 0.8636]])
```

其中，方法 3 使用了直接修改 Tensor 变量的方法，会直接修改原变量的值，这类方法统一在方法名中带有后缀 "_"。

（3）PyTorch 与 NumPy 的转换

第 2 章介绍了 NumPy，该库支持大型数组、多维数组和矩阵。开发者可以通过 tensor.numpy()方法将 PyTorch 张量转换为 NumPy 数组，PyTorch 张量和 NumPy 数组将共享底层内存位置，改变任何一个将同时影响另一个。

将 PyTorch 张量转换为 NumPy 数组的代码如下。

```
import torch
a = torch.ones(5)
print(a)
b = a.numpy()
print(b)
```

输出结果如下。

```
tensor([1., 1., 1., 1., 1.])
[1., 1., 1., 1., 1.]
```

也可以通过 torch.from_numpy()方法将 NumPy 数组转换为 PyTorch 张量。具体代码如下。

```
import torch
import numpy as np
a = np.ones(5)
b = torch.from_numpy(a)
print(b)
```

输出结果如下。

```
tensor([1., 1., 1., 1., 1.], dtype = torch.float64)
```

8.2.2　CUDA 张量

CUDA（Compute Unified Device Architecture，统一计算设备架构）是由 NVIDIA 公司推出的通用并行计算架构。基于 CUDA 编程可以利用 GPU 的并行计算引擎来高效地解决包括图像计算在内的各种加速计算问题。PyTorch 张量可以通过 to()方法将张量的存储位置转换到 GPU 或 CPU 设备中。在使用 is_available()方法检查 CUDA 是否可用后,通过 torch.device()
方法可以定义 CUDA 设备对象。具体代码如下。

```
import torch
if torch.cuda.is_available():
    device = torch.device("cuda")
    x = torch.ones(5, 3)
    y = torch.ones_like(x, device = device)
    x = x.to(device)
    z = x + y
    print(z)
    print(z.to("cpu"))
```

输出结果如下。

```
tensor([[2., 2., 2.],
        [2., 2., 2.],
        [2., 2., 2.],
        [2., 2., 2.],
        [2., 2., 2.]], device = 'cuda:0')
tensor([[2., 2., 2.],
        [2., 2., 2.],
        [2., 2., 2.],
        [2., 2., 2.],
        [2., 2., 2.]])
```

其中,第一个张量输出"cuda:0",表明其在第 0 号 GPU 中;而第二个张量中没有输出
设备信息,表明其存储在 CPU 上。

下面通过具体示例来比较大型矩阵乘法在 CPU 和 GPU 中计算的时间差异。首先,计算
矩阵乘法在 CPU 中的计算时间,此处需要引入 time 库,torch.matmul()方法用于进行矩阵乘
法。具体代码如下。

```
import time
import torch
x = torch.randn(5000, 5000)
start_time = time.time()
result = torch.matmul(x, x)
end_time = time.time()
print("CPU time: %6.5s" % (end_time - start_time))
```

输出结果如下。

```
CPU time:  1.083
```

在 GPU 上执行相同的矩阵乘法的时间比在 CPU 上大幅减少。具体代码如下。

```
if torch.cuda.is_available():
    device = torch.device("cuda")
    x = x.to(device)
```

```
start_time = time.time()
result = torch.matmul(x, x)
end_time = time.time()
print("GPU time: %6.5fs" % (end_time - start_time))
```

输出结果如下。

```
GPU time: 0.01822s
```

8.2.3　Autograd

Autograd 是 PyTorch 的重要工具之一，具有对张量进行自动微分的功能。

在 torch.tensor()方法中，如果设置参数 requires_grad 为 True，那么程序将自动追踪该变量上的全部操作，在完成全部计算后，可以通过 backward()方法自动计算梯度，并将梯度保存在 grad 属性中。Function 对于 Autograd 的实现也有重要作用，可以与张量实现完整的计算记录。除了由用户创建的张量以外，其他张量都带有属性 grad_fn，该属性会记录张量创建时的操作。下面讲解具体的操作步骤。

首先，创建一个张量，并设置参数 requires_grad 为 True，对该变量的计算操作进行追踪。具体代码如下。

```
import torch
x = torch.zeros(3, 3, requires_grad = True)
print(x)
```

输出结果如下。

```
tensor([[0., 0., 0.],
        [0., 0., 0.],
        [0., 0., 0.]], requires_grad = True)
```

对张量 x 执行加法计算操作，并输出其操作结果 y 的 grad_fn 属性。具体代码如下。

```
y = x + 2
print(y)
print(y.grad_fn)
```

输出结果如下。

```
tensor([[2., 2., 2.],
        [2., 2., 2.],
        [2., 2., 2.]], grad_fn = <AddBackward0>)
<AddBackward0 object at 0x7f03c0179070>
```

继续对张量 y 进行乘法操作，并求取其平均值。通过 grad_fn 属性，可以观察到张量的上一步操作的计算类型，如乘法、取平均值。

```
m = y * y * 3
n = m.mean()
print(m)
print(n)
```

输出结果如下。

```
tensor([[12., 12., 12.],
        [12., 12., 12.],
        [12., 12., 12.]], grad_fn = <MulBackward0>)
tensor(12., grad_fn = <MeanBackward0>)
```

下面进行梯度计算。首先调用 backward()方法进行反向传播，通过计算图自动计算梯度。然后输出 x.grad 值，也就是输出梯度 $\dfrac{\mathrm{d}n}{\mathrm{d}x}$。

```
n.backward()
print(x.grad)
```

输出结果如下。

```
tensor([[1.3333, 1.3333, 1.3333],
        [1.3333, 1.3333, 1.3333],
        [1.3333, 1.3333, 1.3333]])
```

经过数学方法验算，证明该输出结果正确。

通过如下代码计算对数函数的梯度。

```
import torch
x = torch.tensor([0.5, 0.75], requires_grad = True)
y = torch.log(x[0] * x[1])
y.backward()
print(x.grad)
```

输出结果如下。

```
tensor([2.0000, 1.3333])
```

通过使用 Autograd 工具，开发者可以极大地提高开发神经网络的效率。下面讲解 Autograd 包的内在动态计算图机制。当开发者创建张量并进行各项操作时，PyTorch 会自动创建一个计算图。计算图显示了从输入到输出的动态计算过程。下面将为式（8-1）创建计算图。

$$y = \frac{1}{|x|} \sum_i \left((x_i + 2)^2 + 3 \right) \tag{8-1}$$

此处的参数 x 需要不断被优化，以得到最优（最大或最小）的输出结果 y。在优化参数 x 时，需要获取 x 的梯度。在下面的代码中以[1, 2, 3]作为输入数据。

```
import torch
x = torch.arange(1,4, dtype = torch.float32, requires_grad = True)
print(x)
```

输出结果如下。

```
tensor([1., 2., 3.], requires_grad = True)
```

随后，对 x 进行多项计算，包括加法、乘法等，最后取平均值后得到 y。

```
a = x + 2
b = a ** 2
c = b + 3
y = c.mean()
print("Y", y)
```

输出结果如下。

```
tensor(19.6667, grad_fn = <MeanBackward0>)
```

上述代码对 x 执行的操作在本质上已经创建了如图 8-2 所示的计算图。

该计算图的顺序与代码的编写顺序相反。开发者可以在最后一个输出 y 中调用 backward() 方法来执行反向传播，最后输出 x.grad 属性的值，以查看对应的梯度。

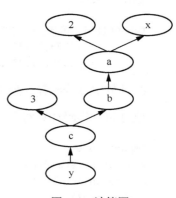

图 8-2　计算图

```
y.backward()
print(x.grad)
```

输出结果如下。

```
tensor([2.0000, 2.6667, 3.3333])
```

8.2.4　DataLoader

在实际开发环境中，很难将大型数据集一次性全部加载到内存中。唯一的解决方法是将数据分批加载到内存中，可以通过编写额外的代码来执行此操作。对此，PyTorch 提供了 DataLoader 工具。下面的代码显示了 PyTorch 中 DataLoader 类的语法及其参数信息。

```
DataLoader(dataset, batch_size = 1, shuffle = False, sampler = None,
          batch_sampler = None, num_workers = 0, collate_fn = None,
          pin_memory = False, drop_last = False, timeout = 0,
          worker_init_fn = None, *, prefetch_factor = 2,
          persistent_workers = False)
```

DataLoader 类的重要参数及其说明如表 8-1 所示。

表 8-1　DataLoader 类的重要参数及其说明

参数名称	说明
dataset	使用数据集来构造 DataLoader 类
shuffle	是否对数据重新排序
sampler	指定可选的 torch.utils.data.Sampler 类实例。采样器定义了检索样本的策略,如以顺序或随机等方法检索。使用采样器时应将参数 shuffle 设置为 False
batch_sampler	批处理级别
num_workers	加载数据所需的子进程数
collate_fn	将样本整理成批次

下面介绍使用 DataLoader 类来处理 MNIST 数据集。首先,通过如下代码导入相关类库。

```
import torch
import matplotlib.pyplot as plt
from torchvision import datasets, transforms
```

上述代码导入了 torchvision 库的 torch 计算机视觉模块。通常 torchvision 用于处理图像数据集,可以对图像进行规范化、调整大小和裁剪。下面的代码对 MNIST 数据集使用了归一化技术。其中,ToTensor()方法能够将原始的 PILImage 格式或者 numpy.array 格式的数据格式化为可被 PyTorch 快速处理的张量类型,能够把图片的灰度范围从 0~255 变换到 0~1。

```
transform = transforms.Compose([transforms.ToTensor()])
```

如下代码用于加载所需 MNIST 数据集。其中,参数 batch_size 指定每个批次(batch)中应包含的样本数量,这里每个批次包含 64 个样本;参数 shuffle 指定 DataLoader 在每个训练轮次(epoch)开始时随机打乱数据集中的样本顺序。由于模型不会在每个轮次中都以相同的顺序看到样本,因此这种方式有助于改善模型的泛化能力。

```
trainset = datasets.MNIST('~/.pytorch/MNIST_data/', download = True, train = True,
transform = transform)
trainloader = torch.utils.data.DataLoader(trainset, batch_size = 64, shuffle = True)
```

一般使用 iter()方法获取数据集中的所有图像。具体代码如下。

```
dataiter = iter(trainloader)
images, labels = dataiter.next()
print(images.shape)
print(labels.shape)
plt.imshow(images[1].numpy().squeeze(), cmap =
'Greys_r')
```

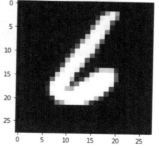

数据加载结果如图 8-3 所示。

也可以使用如下方法创建一个包含 120 个随机数的自定义数据集,以构造类 SampleDataset。具体代码如下。

图 8-3　数据加载结果

```
from torch.utils.data import Dataset
import random
class SampleDataset(Dataset):
  def __init__(self,r1,r2):
      randomlist = []
      for i in range(120):
          n = random.randint(r1,r2)
          randomlist.append(n)
      self.samples = randomlist
  def __len__(self):
      return len(self.samples)
  def __getitem__(self,idx):
      return(self.samples[idx])
dataset = SampleDataset(1,100)
print(dataset[100:120])
```

输出结果如下。

```
[75, 35, 34, 44, 65, 8, 22, 91, 59, 40, 25, 58, 74, 50, 61, 17, 64, 53, 86, 79]
```

最后，在自定义数据集中实例化 DataLoader 类，并将 batch_size 设为 12，将 num_workers 参数的值设为 2，使用两个子进程来加载数据，以便加快数据加载的速度，但这种方式会增加内存开销。

```
from torch.utils.data import DataLoader
loader = DataLoader(dataset,batch_size = 12, shuffle = True, num_workers = 2 )
for i, batch in enumerate(loader):
    print(i, batch)
```

数据集加载结果如图 8-4 所示。

```
0 tensor([25, 52, 60, 99, 81, 57, 27, 54, 44, 81, 59, 19])
1 tensor([10, 72, 22, 72, 19, 65, 80, 23, 42, 20, 95, 87])
2 tensor([48, 70, 50, 30,  4, 93, 37,  8, 58, 88, 44, 74])
3 tensor([32, 60,  2, 73, 36, 30, 39, 20, 69, 11, 38,  3])
4 tensor([53, 10,  2, 96, 77, 76, 57, 97, 37, 66, 38, 73])
5 tensor([77, 45, 69, 41, 92,  6,  7, 44, 25, 11, 43, 34])
6 tensor([85,  9, 97, 12, 76, 82, 36, 22, 60, 85, 26, 42])
7 tensor([76, 49, 24, 12, 43, 13, 68, 11, 58, 75, 42, 29])
8 tensor([ 56, 32, 60, 62, 18, 100, 85, 37, 19, 34, 18, 12])
9 tensor([23, 56, 62, 67, 69, 33, 52, 14, 57, 30, 15, 64])
```

图 8-4　数据集加载结果

8.3　构建线性回归模型

本节将介绍最简单的线性回归模型的设计与实现。在大多数场景下，创建神经网络模型时需要继承 nn.Module 类。开发者通过使用 nn.Module 类提供的高级 API，可以大大简化神经网络的开发难度。

下面以 nn.Module 类为基础，创建一个线性回归模型。在继承 nn.Module 类时，应保证至少重写 __init__()方法和 forward()方法。其中，LinearRegression 类定义了一个只含有一个线性层的简单的线性网络。具体代码如下。

```
import torch
import torch.nn as nn
import torch.optim as optim
from matplotlib import pyplot as plt
from torch.autograd import Variable
class LinearRegression(nn.Module):
    def __init__(self):
        super(LinearRegression, self).__init__()
        self.linear = nn.Linear(1, 1)
    def forward(self, x):
        out = self.linear(x)
        return out
```

下面对模型进行测试。首先创建 LinearRegression 类的实例，然后输出模型结构。具体代码如下。

```
model = LinearRegression()
print(model)
```

输出结果如下。

```
LinearRegression(
  (linear): Linear(in_features = 1, out_features = 1, bias = True)
)
```

随后，设置损失函数、优化器、学习率和迭代次数。此处选择的损失函数为 MSE（Mean Square Error，均方误差），优化器为随机梯度下降优化器，学习率为 0.01。具体代码如下。

```
num_epochs = 1000
learning_rate = 1e-2
loss_fn = nn.MSELoss()
optimizer = optim.SGD(model.parameters(), lr = learning_rate)
```

下面创建由方程 $y=2x+0.2$ 产生的数据集。首先通过 torch.rand()方法在原数据上增加少量的随机变量，起到制造噪声的目的，最后通过 Matplotlib 库将刚刚创建的数据集进行可视化。具体代码如下。

```
x = Variable(torch.unsqueeze(torch.linspace(-1, 1, 100), dim = 1))
y = Variable(x * 2 + 0.2 + torch.rand(x.size()))
```

```
plt.scatter(x.data.numpy(),y.data.numpy())
plt.show()
```

数据集的可视化结果如图 8-5 所示。虽然在数据集中加入了随机数据的干扰，但从图像上可以直观看出该数据集较符合线性分布。

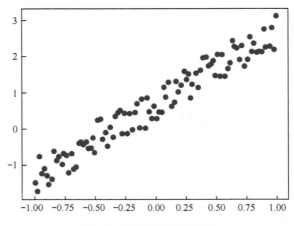

图 8-5　数据集可视化结果

按照设置的 epoch（轮次）数目进行迭代训练。首先将数据输入模型中以得到计算结果 y_pred，然后将 y_pred 与真实值对比，计算出损失值，反向传播计算梯度，不断更新梯度，借助优化器对参数进行更新。最后通过 Matplotlib 库绘制拟合出的直线以及原始的数据点、损失值。具体代码如下。

```
for epoch in range(num_epochs):
    y_pred = model(x)
    loss = loss_fn(y_pred, y)
    optimizer.zero_grad()
    loss.backward()
    optimizer.step()
    if epoch % 200 == 0:
        print("[{}/{}] loss:{:.4f}".format(epoch+1, num_epochs, loss))
plt.scatter(x.data.numpy(), y.data.numpy())
plt.plot(x.data.numpy(), y_pred.data.numpy(), 'r-',lw = 5)
plt.text(0.5, 0,'Loss = %.4f' % loss.data.item(), fontdict = {'size': 20, 'color':  'red'})
plt.show()
```

输出结果如下。

```
[1/1000] loss:2.9500
[201/1000] loss:0.1979
[401/1000] loss:0.0911
[601/1000] loss:0.0841
[801/1000] loss:0.0837
```

最终拟合的直线的可视化结果如图 8-6 所示。

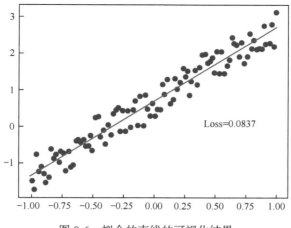

图 8-6   拟合的直线的可视化结果

通过如下代码输出直线的 w 值（斜率）和 b 值（截距）。其中，b 为 0.7，约等于 0.2 + torch.rand (x.size())。经过大量的训练，torch.rand(x.size())值约等于 0.5。

```
[w, b] = model.parameters()
print(w,b)
```

输出结果如下。

```
tensor([[2.0036]], requires_grad = True) Parameter containing:
tensor([0.7006], requires_grad = True)
```

8.4   构建 Transformer 模型

第 3 章已经详细介绍了注意力机制和 Transformer 的各组成部分及具体功能。本节将通过 PyTorch 实现 Transformer 模型，并对模型进行训练，从而使模型可以完成中译英的任务。通过本节介绍的实战内容，读者可以加深对位置编码、注意力计算、编码器、解码器的理解。

8.4.1   数据准备与参数设置

首先，通过如下代码导入相关类库。

```
import math
import torch
import numpy as np
import torch.nn as nn
import torch.optim as optim
import torch.utils.data as Data
```

然后，构造训练数据。此处的训练数据包含 3 个层次——编码器输入、解码器输入和解码器输出。其中，解码器输入需要以"S"标识句子的开始，解码器输出则需要以"E"标识句子的结束，而"P"代表占位符（由于 sentences 中的第 1 句和第 3 句中文语句比第 2 句中文语句短，因此需要占位符 P 进行补充）。src_vocab 表示词源字典，其中每个字符对应一个索引值。随后，将 src_vocab 转换为字典数据类型，并保存其长度为 src_vocab_size。具体代码如下。

```
sentences = [['我 是 教 师 P', 'S I am a teacher'    , 'I am a teacher E'],
             ['我 喜 欢 教 学', 'S I like teaching P', 'I like teaching P E'],
             ['我 是 厨 师 P', 'S I am a cook'      , 'I am a cook E']]
src_vocab = {'P':0, '我':1, '是':2, '教':3, '师':4, '喜':5, '欢':6,'学':7,'厨':8}
src_idx2word = {src_vocab[key]: key for key in src_vocab}
src_vocab_size = len(src_vocab)
```

下面处理目标词表（tgt_vocab）。与上面的方法类似，每个字母或单词对应固定的索引值，转换为字典数据类型并保存其长度。具体代码如下。

```
tgt_vocab = {'P':0, 'S':1, 'E':2, 'I':3, 'am':4, 'a':5, 'teacher':6, 'like':7,
'teaching':8, 'cook':9}
idx2word = {tgt_vocab[key]: key for key in tgt_vocab}
tgt_vocab_size = len(tgt_vocab)
```

接下来，设置中文句子固定最大长度（src_len）和英文句子固定最大长度（tgt_len）。具体代码如下。

```
src_len = len(sentences[0][0].split(" "))
tgt_len = len(sentences[0][1].split(" "))
```

然后定义 make_data()方法，将 sentences 转化为字典索引，也就是将 sentences 的每个句子转化为数字向量。例如，句子"我是教师 P"经过 make_data()方法处理后将转变为"[1, 2, 3, 4, 0]"。具体代码如下。

```
def make_data(sentences):
    enc_inputs, dec_inputs, dec_outputs = [], [], []
    for i in range(len(sentences)):
      enc_input = [[src_vocab[n] for n in sentences[i][0].split()]]
      dec_input = [[tgt_vocab[n] for n in sentences[i][1].split()]]
      dec_output = [[tgt_vocab[n] for n in sentences[i][2].split()]]
      enc_inputs.extend(enc_input)
      dec_inputs.extend(dec_input)
      dec_outputs.extend(dec_output)
    return torch.LongTensor(enc_inputs), torch.LongTensor(dec_inputs), torch.
LongTensor(dec_outputs)
    enc_inputs, dec_inputs, dec_outputs = make_data(sentences)
```

接下来通过继承 torch.utils.data 包的 Data 类以定义新的 MyDataSet 类，用于加载训练数据。具体代码如下。

```
class MyDataSet(Data.Dataset):
    def __init__(self, enc_inputs, dec_inputs, dec_outputs):
        super(MyDataSet, self).__init__()
        self.enc_inputs = enc_inputs
        self.dec_inputs = dec_inputs
        self.dec_outputs = dec_outputs
    def __len__(self):
        return self.enc_inputs.shape[0]
    def __getitem__(self, idx):
        return self.enc_inputs[idx], self.dec_inputs[idx], self.dec_outputs[idx]
```

实例化 DataLoader 对象，并将数据转化为批大小为 2 的分组数据。具体代码如下。

```
loader = Data.DataLoader(MyDataSet(enc_inputs, dec_inputs, dec_outputs), 2, True)
```

对编码器、解码器的个数、前向传播隐层的维度等参数进行设置。具体代码如下。

```
d_model = 512    # 嵌入的维度
d_ff = 2048      # 前向传播隐层维度
d_k = d_v = 64   # K、V 矩阵的维度
n_layers = 6     # 编码器和解码器的数量
n_heads = 8      # 多头自注意力数
```

8.4.2　位置编码

在 Transformer 中，由于输入文字经过向量化后成为字向量，因此每个句子可以用矩阵表示。而编码器输入由字向量与位置信息（由公式计算得出）的加和得到，以便在并行计算时得到字之间的顺序关系。此处定义位置编码类 PositionalEncoding，并通过第 3 章介绍的公式计算出位置编码。具体代码如下。

```
class PositionalEncoding(nn.Module):
    def __init__(self, d_model, dropout = 0.1, max_len = 5000):
        super(PositionalEncoding, self).__init__()
        self.dropout = nn.Dropout(p = dropout)
        pos_table = np.array([
        [pos / np.power(10000, 2 * i / d_model) for i in range(d_model)]
        if pos != 0 else np.zeros(d_model) for pos in range(max_len)])
        pos_table[1:, 0::2] = np.sin(pos_table[1:, 0::2])
        pos_table[1:, 1::2] = np.cos(pos_table[1:, 1::2])
        self.pos_table = torch.FloatTensor(pos_table).cuda()
    def forward(self, enc_inputs):
        enc_inputs += self.pos_table[:enc_inputs.size(1), :]
        return self.dropout(enc_inputs.cuda())
```

pos_table 代表位置信息矩阵，它与输入矩阵 enc_inputs 相加后可以得到带有位置信息的字向量。

8.4.3　掩码操作

由于输入中包含 "P" 这样的占位符，占位符对于句子没有实际含义，因此可以将其掩码。如下代码将定义 get_attn_pad_mask() 方法，用于掩码占位符。

```
def get_attn_pad_mask(seq_q, seq_k):
    batch_size, len_q = seq_q.size()
    batch_size, len_k = seq_k.size()
    pad_attn_mask = seq_k.data.eq(0).unsqueeze(1)
    return pad_attn_mask.expand(batch_size, len_q, len_k)
```

在解码器部分，需要掩码输入信息。例如，对于句子 "S I am a teacher"，首先，会将 "S" 后的字符进行掩码，并由解码器预测出第一个输出 "I"。随后，将 "S" 和 "I" 输入解码器中，得到下一个预测结果 "am"，依此类推。所以，我们需要将解码器的输入矩阵转化为上三角矩阵，对句子中的每个被预测对象及其后续单词进行掩码。具体代码如下。

```
def get_attn_subsequence_mask(seq):
    attn_shape = [seq.size(0), seq.size(1), seq.size(1)]
    subsequence_mask = np.triu(np.ones(attn_shape), k = 1)
    subsequence_mask = torch.from_numpy(subsequence_mask).byte()
    return subsequence_mask
```

8.4.4　注意力计算

在多头注意力机制（之前已经设置注意力头数为 8）中，矩阵 W^Q、W^K、W^V 被拆分为 8 个小型矩阵。此处通过如下代码定义缩放点积注意力（ScaledDotProductAttention）类和多头注意力类（MultiHeadAttention）。

```
class ScaledDotProductAttention(nn.Module):
    def __init__(self):
        super(ScaledDotProductAttention, self).__init__()
    def forward(self, Q, K, V, attn_mask):
        scores = torch.matmul(Q, K.transpose(-1, -2)) / np.sqrt(d_k)
        scores.masked_fill_(attn_mask, -1e9)
        attn = nn.Softmax(dim = -1)(scores)
        context = torch.matmul(attn, V)
        return context, attn
class MultiHeadAttention(nn.Module):
    def __init__(self):
        super(MultiHeadAttention, self).__init__()
        self.W_Q = nn.Linear(d_model, d_k * n_heads, bias = False)
        self.W_K = nn.Linear(d_model, d_k * n_heads, bias = False)
        self.W_V = nn.Linear(d_model, d_v * n_heads, bias = False)
        self.fc = nn.Linear(n_heads * d_v, d_model, bias = False)
```

```
def forward(self, input_Q, input_K, input_V, attn_mask):
    residual, batch_size = input_Q, input_Q.size(0)
    Q = self.W_Q(input_Q).view(batch_size, -1, n_heads, d_k).transpose(1,2)
    K = self.W_K(input_K).view(batch_size, -1, n_heads, d_k).transpose(1,2)
    V = self.W_V(input_V).view(batch_size, -1, n_heads, d_v).transpose(1,2)
    attn_mask = attn_mask.unsqueeze(1).repeat(1, n_heads, 1, 1)
    context, attn = ScaledDotProductAttention()(Q, K, V, attn_mask)
    context = context.transpose(1, 2).reshape(batch_size, -1, n_heads * d_v)
    output = self.fc(context)
    return nn.LayerNorm(d_model).cuda()(output + residual), attn
```

8.4.5 前馈神经网络

首先将输入经过两个全连接层的计算后得到结果（output），然后将计算结果与输入（residual）进行相加，并进行归一化。具体代码如下。

```
class PoswiseFeedForwardNet(nn.Module):
    def __init__(self):
        super(PoswiseFeedForwardNet, self).__init__()
        self.fc = nn.Sequential(
            nn.Linear(d_model, d_ff, bias = False),
            nn.ReLU(),
            nn.Linear(d_ff, d_model, bias = False))
    def forward(self, inputs):
        residual = inputs
        output = self.fc(inputs)
        return nn.LayerNorm(d_model).cuda()(output + residual)
```

8.4.6 编码器与解码器

由前面的内容可知，整个 Transformer 包含多组解码器和编码器。此处先定义单层的编码器和解码器（按照 Transformer 的架构实例化各个部分，如多头自注意力机制、前馈神经网络等）。具体代码如下。

```
class EncoderLayer(nn.Module):
    def __init__(self):
        super(EncoderLayer, self).__init__()
        self.enc_self_attn = MultiHeadAttention()
        self.pos_ffn = PoswiseFeedForwardNet()
    def forward(self, enc_inputs, enc_self_attn_mask):
        enc_outputs, attn = self.enc_self_attn(enc_inputs, enc_inputs, enc_inputs,
enc_self_attn_mask)
        enc_outputs = self.pos_ffn(enc_outputs)
        return enc_outputs, attn
```

在定义单层解码器类时，初始化方法包含两个多头自注意力模块。第一个多头自注意力

模块的输入矩阵 Q、K、V 的值与解码器的输入相等。第二个多头自注意力模块的矩阵 Q 的值来自解码器，矩阵 K、V 的值来自编码器的输出。具体代码如下。

```
class DecoderLayer(nn.Module):
    def __init__(self):
        super(DecoderLayer, self).__init__()
        self.dec_self_attn = MultiHeadAttention()
        self.dec_enc_attn = MultiHeadAttention()
        self.pos_ffn = PoswiseFeedForwardNet()
    def forward(self, dec_inputs, enc_outputs, dec_self_attn_mask, dec_enc_attn_mask):
        dec_outputs, dec_self_attn = self.dec_self_attn(dec_inputs, dec_inputs, dec_inputs, dec_self_attn_mask)
        dec_outputs, dec_enc_attn = self.dec_enc_attn(dec_outputs, enc_outputs, enc_outputs, dec_enc_attn_mask)
        dec_outputs = self.pos_ffn(dec_outputs)
        return dec_outputs, dec_self_attn, dec_enc_attn
```

在定义完整的编码器结构时，首先将输入转化为 512 维的字向量，并且在字向量中加入位置信息。随后，对句子中的占位符进行掩码，然后将其输入 6 层的编码器模块中，上一层的输出可作为下一层的输入，如此循环计算，得到最终结果。具体代码如下。

```
class Encoder(nn.Module):
    def __init__(self):
        super(Encoder, self).__init__()
        self.src_emb = nn.Embedding(src_vocab_size, d_model)
        self.pos_emb = PositionalEncoding(d_model)
        self.layers = nn.ModuleList([EncoderLayer() for _ in range(n_layers)])
    def forward(self, enc_inputs):
        enc_outputs = self.src_emb(enc_inputs)
        enc_outputs = self.pos_emb(enc_outputs)
        enc_self_attn_mask = get_attn_pad_mask(enc_inputs, enc_inputs)
        enc_self_attns = []
        for layer in self.layers:
            enc_outputs, enc_self_attn = layer(enc_outputs, enc_self_attn_mask)
            enc_self_attns.append(enc_self_attn)
        return enc_outputs, enc_self_attns
```

解码器的结构与上述编码器的结构类似，不同的是，首先将英文单词进行索引，并转化为 512 维的字向量，随后在字向量中加入位置信息，并掩码句子中的占位符，然后通过 6 层解码器结构进行计算。具体代码如下。

```
class Decoder(nn.Module):
    def __init__(self):
        super(Decoder, self).__init__()
        self.tgt_emb = nn.Embedding(tgt_vocab_size, d_model)
        self.pos_emb = PositionalEncoding(d_model)
        self.layers = nn.ModuleList([DecoderLayer() for _ in range(n_layers)])
```

```python
    def forward(self, dec_inputs, enc_inputs, enc_outputs):
        dec_outputs = self.tgt_emb(dec_inputs)
        dec_outputs = self.pos_emb(dec_outputs).cuda()
        dec_self_attn_pad_mask = get_attn_pad_mask(dec_inputs, dec_inputs).cuda()
        dec_self_attn_subsequence_mask = get_attn_subsequence_mask(dec_inputs).cuda()
        dec_self_attn_mask = torch.gt((dec_self_attn_pad_mask + dec_self_attn_
subsequence_mask), 0).cuda()
        dec_enc_attn_mask = get_attn_pad_mask(dec_inputs, enc_inputs)
        dec_self_attns, dec_enc_attns = [], []
        for layer in self.layers:
            dec_outputs, dec_self_attn, dec_enc_attn = layer(dec_outputs, enc_
outputs, dec_self_attn_mask, dec_enc_attn_mask)
            dec_self_attns.append(dec_self_attn)
            dec_enc_attns.append(dec_enc_attn)
        return dec_outputs, dec_self_attns, dec_enc_attns
```

8.4.7 构建 Transformer

这里对前面介绍的组件进行组合（编码器和解码器），以构建 Transformer 类。具体代码如下。

```python
class Transformer(nn.Module):
    def __init__(self):
        super(Transformer, self).__init__()
        self.Encoder = Encoder().cuda()
        self.Decoder = Decoder().cuda()
        self.projection = nn.Linear(d_model, tgt_vocab_size, bias = False).cuda()
    def forward(self, enc_inputs, dec_inputs):
        enc_outputs, enc_self_attns = self.Encoder(enc_inputs)
        dec_outputs, dec_self_attns, dec_enc_attns = self.Decoder(
            dec_inputs, enc_inputs, enc_outputs)
        dec_logits = self.projection(dec_outputs)
        return dec_logits.view(-1, dec_logits.size(-1)), enc_self_attns, dec_self_
attns, dec_enc_attns
```

8.4.8 模型训练

首先实例化 Transformer 类，并定义优化器（随机梯度下降）和损失函数（交叉熵）。具体代码如下。

```python
model = Transformer().cuda()
criterion = nn.CrossEntropyLoss(ignore_index = 0)
optimizer = optim.SGD(model.parameters(), lr = 1e-3, momentum = 0.99)
```

然后构建训练循环。此处将前面生成的 loader 作为输入数据，共进行 50 个轮次的训练。具体代码如下。

```
for epoch in range(50):
    for enc_inputs, dec_inputs, dec_outputs in loader:
        enc_inputs, dec_inputs, dec_outputs = enc_inputs.cuda(), dec_inputs.cuda(),
dec_outputs.cuda()
        outputs, enc_self_attns, dec_self_attns, dec_enc_attns = model(enc_inputs,
dec_inputs)
        loss = criterion(outputs, dec_outputs.view(-1))
        print('Epoch:', '%04d' % (epoch + 1), 'loss =', '{:.6f}'.format(loss))
        optimizer.zero_grad()
        loss.backward()
        optimizer.step()
```

8.4.9　模型测试

接下来对训练完成的模型进行测试，其中，test()方法用于计算解码器层的输入。具体代码如下。

```
def test(model, enc_input, start_symbol):
    enc_outputs, enc_self_attns = model.Encoder(enc_input)
    dec_input = torch.zeros(1, tgt_len).type_as(enc_input.data)
    next_symbol = start_symbol
    for i in range(0, tgt_len):
        dec_input[0][i] = next_symbol
        dec_outputs, _, _ = model.Decoder(dec_input, enc_input, enc_outputs)
        projected = model.projection(dec_outputs)
        prob = projected.squeeze(0).max(dim = -1, keepdim = False)[1]
        next_word = prob.data[i]
        next_symbol = next_word.item()
    return dec_input
enc_inputs, _, _ = next(iter(loader))
predict_dec_input = test(model, enc_inputs[0].view(1, -1).cuda(), start_symbol =
tgt_vocab["S"])
predict, _, _, _ = model(enc_inputs[0].view(1, -1).cuda(), predict_dec_input)
predict = predict.data.max(1, keepdim = True)[1]
print([src_idx2word[int(i)] for i in enc_inputs[0]], '->', [idx2word[n.item()] for
n in predict.squeeze()])
```

输出结果如下。

```
['我', '是', '厨', '师', 'P'] -> ['I', 'am', 'a', 'cook', 'E']
```

8.5　小结

本章主要介绍了 PyTorch 的安装与配置过程，以及常用的基础组件（包括张量、CUDA

张量等），并通过实践项目力求帮助读者掌握 PyTorch 的基本用法。

8.6 课后习题

（1）简述 PyTorch 提供的自动微分操作执行过程。

（2）按照 8.1 节的相关内容，安装并执行实践案例，学习 PyTorch 的基本使用方法。

第 9 章

向量数据库

向量数据库是一种专门用于存储、检索和分析向量的数据库系统，具有高效检索和高效分析向量数据的优点。第 11 章将深入探讨大模型如何与向量数据库配合使用，从而构建功能强大的大模型应用。对于希望通过本地私域数据增强大模型知识储备的读者来说，向量数据库将是不可或缺的工具，它能够有效弥补模型本身存在的数据滞后、知识不足等缺陷，为大模型的应用提供更广泛的应用场景。

无论训练的数据量多大、功能性能多强，大模型都需要辅助技术或辅助系统的支持，才能搭建能够落地应用的智能系统。面对数据安全性要求比较高（数据共享将会受到限制）的特殊领域（比如医疗、金融等），需要实时学习最新数据，以及个性化的或具有隐私特性的场景，大模型都需要通过与其他技术或系统集成才能实现相应的功能。大模型如此，我们亦如此。我们在学习或工作中要完成一件复杂的事情，无论个人能力多强，都需要借助团队的力量才能更好地完成。

为了满足不同场景下的需求，本章将介绍 Milvus、Pinecone 和 Chroma 这 3 种向量数据库的基本使用方式。其中，Milvus 具有开源和稳定性好等特点，但其安装过程相对复杂；Pinecone 虽然不开源，但用户可以通过云存储的方式管理向量数据，使用比较方便；Chroma 则以轻量、安装简单为特点，可以提供常用的向量数据存取功能。读者可以根据自己的实际需求和场景，选择适合的向量数据库，以助力大模型应用的开发与实现。

9.1 Milvus

Milvus 是一款开源的、针对海量特征向量的向量数据库。在有限的计算资源下，Milvus 可提供毫秒级的 10 亿向量搜索响应。通过创建索引，Milvus 能够快速地执行相似度搜索和查询操作，从而加速向量数据的处理和分析。目前，Milvus 支持如表 9-1 所示的索引类型。

Milvus 会根据不同的相似度计算方式比较向量间的相似性。根据数据的组织形式，选择合适的计算方式能极大地提高数据分类和聚类性能。在人工智能领域，向量间常用的相似度计算方法如表 9-2 所示。

表 9-1 Milvus 支持的索引类型

索引类型名称	说明
FLAT	适用于需要 100%召回率且数据规模相对较小（百万级）的向量相似性搜索应用
IVF_FLAT	基于量化的索引，适用于追求查询准确性和查询速度之间理想平衡的场景
IVF_SQ8	基于量化的索引，适用于磁盘或内存、显存资源有限的场景
IVF_PQ	基于量化的索引，适用于追求高查询速度、低准确性的场景
HNSW	基于图的索引，适用于追求高查询效率的场景
ANNOY	基于树的索引，适用于追求高召回率的场景

表 9-2 相似度计算公法

名称	说明
欧氏距离（L2）	衡量多维空间中两个点之间的绝对距离
内积（IP）	计算两个向量之间的点积，可以反映向量之间的方向差异
汉明距离（Hamming）	表示两个相同长度的字符串在相同位置上不同字符的个数

在系统架构上，Milvus 2.0 采用存储与计算分离的设计。整个系统可以划分为接入层（验证客户端请求并合并返回结果）、协调服务（向执行节点分配任务）、执行节点（完成下发的命令）和存储服务（数据的持久化）4 个层面。

9.1.1 安装与配置

Milvus 一共有两种安装方式——编译安装和使用 Docker 安装。这里推荐使用 Docker 安装。这种安装方法更加方便快捷，并可用于 Windows 操作系统。本节将介绍基于 Docker（CPU）版本的 Milvus 的安装过程。具体步骤如下。

（1）在 Docker 官方网站下载对应版本的 Docker 并安装。

（2）打开命令提示符工具，输入 docker --version 命令，如果输出正确的版本号，则证明 Docker 安装成功。

（3）访问 Milvus 官方网站，在左侧导航栏中依次点击 Docs→Get Started→Install Milvus→Milvus Standalone 链接。

（4）下载官方文档中的 YAML 文件。Windows 操作系统用户可以通过在浏览器中输入 milvus- standalone-docker-compose.yml 在 GitHub 网站中的 URL 地址的方式进行下载。

（5）首先将下载的文件重命名为 docker-compose.yml，然后把它放入新的目录中，并在目录中创建 6 个文件夹，分别命名为 conf、db、logs、pic、volumes、wal。

（6）确保 Docker 正常运行后，在刚才存放 yml 文件的目录中右击，在弹出菜单中选择"在终端中打开"命令，打开控制台，输入 docker-compose up -d 命令，下载相关文件。

（7）安装成功之后，打开 Docker，我们可以看到 Milvus 的镜像已经安装成功。

9.1.2　Milvus 1.0 的基本操作

本节主要介绍基于 Python 语言使用 Milvus 1.0 的基本操作。首先安装 pymilvus 库（此处选择的版本是 pymilvus 1.1.0），然后通过如下代码进行安装，并在 Docker 中启动 Milvus。

```
pip install pymilvus
```

接下来导入相关包，并初始化 Milvus 类。后续所有操作都是通过 Milvus 类完成的。可以通过 connect() 方法连接服务器。需要注意的是，端口的映射关系（如下代码中的端口号 19530）应与启动 Docker 时的设置保持一致。具体代码如下。

```
import numpy as np
from milvus import Milvus, IndexType, MetricType
milvus = Milvus()
milvus.connect(host = 'localhost', port = '19530')
```

设置向量个数为 5000，向量维度为 768，并创建数据表 mytable。具体代码如下。

```
num_vec = 5000
vec_dim = 768
table_param = {'table_name': 'mytable', 'dimension':vec_dim, 'index_file_size':
1024, 'metric_type':MetricType.IP}
milvus.create_table(table_param)
```

其中，表 mytable 的参数及其说明如表 9-3 所示。

表 9-3　表 mytable 的参数及其说明

参数名称	说明
table_name	表名
dimension	向量维度
index_file_size	数据存储时单个文件的大小
metric_type	向量相似度度量标准，其中，MetricType.IP 表示向量内积，MetricType.L2 表示欧氏距离

随机生成一批数据，并将其转换为数组。具体代码如下。

```
vectors_array = np.random.rand(num_vec,vec_dim)
vectors_list = vectors_array.tolist()
```

在插入向量之前，建议先使用 milvus.create_index() 方法让系统自动增量创建索引。这里使用的是 FLAT 索引类型。具体代码如下。

```
index_param = {'index_type': IndexType.FLAT, 'nlist': 128}
milvus.create_index('mytable', index_param)
```

通过如下代码把向量添加到刚刚建立的表 mytable 中。其中，参数 ids 可以为 None，使用自动生成的索引即可，并返回这一组向量的索引值。

```
status, ids = milvus.add_vectors(table_name = "mytable",records = vectors_list,ids = None)
```

通过如下代码对上述操作输出统计信息。

```
status, tables = milvus.show_tables()
print("所有的表：",tables)
print("表的数据量(行):{}".format((milvus.count_table('mytable')[1])))
print("mytable 表是否存在:",milvus.has_table("mytable")[1])
```

通过如下代码将创建的向量数据表加载到内存中。

```
milvus.preload_table('mytable')
```

在进行向量查询时，参数 nprobe 代表查询所涉及的向量类的个数（此处设置 16），该数值越大，精度越高，但会减慢查询速度。具体代码如下。

```
query_vec_array = np.random.rand(1,vec_dim)
query_vec_list = query_vec_array.tolist()
status, results = milvus.search(table_name = 'mytable', query_records = query_vec_list,
top_k = 4, nprobe = 16)
print(status)
print(results)
```

可以使 drop_index()方法删除索引，使用 delete_table()方法删除数据表。具体代码如下。

```
milvus.drop_index(table_name = "mytable")
milvus.delete_table(table_name = "mytable")
milvus.disconnect()
```

其中，disconnect()方法用于断开与数据库的连接。

9.1.3 Milvus 2.0 的基本操作

相较之前的版本，Milvus 2.0 在 Python 语言中的操作步骤已经发生了较大变化，下面进行介绍。首先，通过如下命令安装 pymilvus。此处选择的版本号是 2.0.0rc6。

```
pip install pymilvus == 2.0.0rc6
```

可以将 Milvus 2.0 的核心组件划分为 3 部分——Filed、Entity 和 Collection。其中，Filed 代表数据字段，这些字段可以是结构化的标量数据或向量数据；Entity 是由一组 Filed 组成的数据实体，类似于关系型数据库中表的一条记录；Collection 则相当于关系型数据库中的一张表，用于存储和管理具有相同结构的 Entity。首先，通过如下代码导入必要的包，这些包提供了与 Milvus 交互所需的 API 和功能，并建立与 Milvus 服务的连接。连接 Milvus 的过程类似于其他数据库中的创建连接会话，这个过程允许我们通过 Python 代码向 Milvus 发送命令和请求，从而执行数据的增、删、改、查等操作。

```python
import numpy as np
from pymilvus import (
    connections,
    utility,
    FieldSchema, CollectionSchema, DataType,
    Collection,
)
connections.connect("default",host = "localhost",port = "19530")
has = utility.has_collection("hello_milvus")
```

如下代码将创建新的集合（collection），其中向量的维度是 8。这里定义了一个包含 3 个字段模式（FieldSchema）的列表 fields，并使用已经定义的列表 fields 创建了一个集合模式（CollectionSchema）。该模式首先指定集合中的字段、是否自动生成 ID（这里设置为 False，因为我们已经手动定义主键 "pk"），以及描述信息。随后创建一个名为 hello_milvus 的集合实例，它将前面定义的 schema 作为集合的模式并设置数据一致性级别为 "Strong"。最后使用 has_collection() 方法检查刚刚创建的集合是否存在。

```python
dim = 8
fields = [FieldSchema(name = "pk",dtype = DataType.INT64, is_primary = True,auto_id =
False),FieldSchema(name = "random", dtype = DataType.DOUBLE),
    FieldSchema(name = "embeddings",dtype = DataType.FLOAT_VECTOR, dim = dim)]
    schema = CollectionSchema(fields, auto_id = False, description = "hello_milvus is the
simplest demo to introduce the APIs")
    hello_milvus = Collection("hello_milvus", schema, consistency_level = "Strong")
    has = utility.has_collection("hello_milvus")
```

首先，通过 insert() 方法向 hello_milvus 中插入数据。变量 num_entities 表示将要插入 Milvus 集合中的实体（数据点或记录）的数量。随后，通过 NumPy 创建随机数生成器 rng，并设置随机数种子为 19530。设置随机数种子是为了确保每次运行代码时生成的随机数序列是一致的，从而方便复现结果。Entities 是一个包含 3 个子列表的列表，这 3 个子列表分别对应之前定义的集合模式中的 3 个字段——主键（pk）、随机标量字段（random）和向量字段（embeddings）。调用 hello_milvus 集合的 insert() 方法，将 entities 列表中的数据插入 Milvus 中。具体代码如下。

```python
num_entities = 3000
rng = np.random.default_rng(seed = 19530)
entities = [
    [i for i in range(num_entities)],
    rng.random(num_entities).tolist(),
```

```
        rng.random((num_entities, dim)).tolist(),
    ]
    insert_result = hello_milvus.insert(entities)
```

如下代码用于创建索引。此处所创建的索引类型是 IVF_FLAT，指定度量类型为 L2。nlist 表示在 IVF_FLAT 索引中将使用 128 个聚类中心来近似表示整个向量空间。通过调用 hello_milvus 集合的 create_index()方法，可以为名为"embeddings"的字段创建索引。

```
index = {
    "index_type": "IVF_FLAT",
    "metric_type": "L2",
    "params": {"nlist": 128},
}
hello_milvus.create_index("embeddings", index)
```

Milvus 提供 3 种向量检索方式，分别是矢量检索、标量查询和混合检索（同时基于向量和属性进行搜索）。对于矢量检索，参数 data 用于指定要搜索的向量列表；参数 anns_field 可指定在哪个字段上进行向量搜索，此处是"embeddings"字段；param 则是指搜索参数，可能包含 nprobe 等参数；参数 limit 用于限制返回的搜索结果数量；参数 output_fields 用于指定返回结果中包含哪些字段，在下面的示例中，除了返回默认的向量索引和相似度之外，还要求返回"random"字段的值。具体代码如下。

```
search_params = {"metric_type": "L2", "params": {"nprobe": 10}}
hello.milvus.load()
# 矢量检索
result = hello_milvus.search(data= np.random.random([5, 8]).tolist(),
                             anns_field="embeddings",
                             param=search_params,
                             limit=3,
                             output_fields=["random"])
# 标量查询
result = hello_milvus.query(expr = "random > 0.5",
output_fields = ["random", "embeddings"])
# 混合搜索
result = hello_milvus.search(data= np.random.random([5, 8]).tolist(),
                             "embeddings",
                             param=search_params,
                             limit=3,
                             expr="random > 0.5",
                             output_fields=["random"])
```

drop_collection()方法用于删除集合。具体代码如下。

```
utility.drop_collection("hello_milvus")
```

9.2　Pinecone

Pinecone 是一款云原生向量数据库。它具有 API 简单和不需要基础架构的优势。Pinecone 可以快速处理数十亿个向量数据，并实时更新索引。同时，Pinecone 还可以与元数据过滤器相结合，使得用户能够更迅速获取与查询数据高度相关的结果。Pinecone 的优势可概括为快速（极低的查询延迟）、实时（实时的索引更新）和过滤能力强（查询结果相关性强）。

Pinecone 不仅易于上手，而且其强大的功能和灵活的应用场景也为初学者的学习与实践提供了广阔的空间。无论是进行学术研究还是开发实际应用，Pinecone 都是一种值得深入了解和掌握的工具。

9.2.1　注册与配置

本节主要介绍基于 Python 语言使用 Pinecone 的相关方法。首先，访问 Pinecone 官方网站并注册账号。

注册完成之后，查看自己的 API Key。

随后，可以通过如下代码安装 pinecone-client 库。

```
pip install pinecone-client
```

新建一个 Python 文件，在文件中输入如下代码，验证 Pinecone 库和 API 是否有效（需要替换为读者自己的 API Key）。运行代码，如果没有报错，则证明 Pinecone API 密钥有效，此时环境配置成功。

```
from pinecone import pinecone,ServerlessSpec
pinecone.init(api_key = "读者自己的 API Key")
```

9.2.2　基本操作

本节介绍 Pinecone 的基本使用方法。首先，通过以下代码创建一个名为 pinecone-test 的索引，其中，参数 dimension 用于指定向量空间的维度，在这个示例中，每个向量将有 8 个浮点数分量；参数 metric 定义用于计算向量间相似度或距离的度量标准，此处使用的是欧氏距离。

```
pinecone.create_index("pinecone-test", dimension = 8, metric = "euclidean")
```

在创建索引后，索引的名称将出现在索引列表中。可以通过如下代码返回索引列表明细。

```
print(pinecone.list_indexes())
```

输出结果如下。

```
['pinecone-test']
```

可以使用 upsert()方法将新向量插入索引中。例如，使用如下代码将 5 个 8 维向量插入已创建的索引 pinecone-test 中。

```
index = pinecone.Index("pinecone-test")
index.upsert([
    ("A", [0.1, 0.1, 0.1, 0.1, 0.1, 0.1, 0.1, 0.1]),
    ("B", [0.2, 0.2, 0.2, 0.2, 0.2, 0.2, 0.2, 0.2]),
    ("C", [0.3, 0.3, 0.3, 0.3, 0.3, 0.3, 0.3, 0.3]),
    ("D", [0.4, 0.4, 0.4, 0.4, 0.4, 0.4, 0.4, 0.4]),
    ("E", [0.5, 0.5, 0.5, 0.5, 0.5, 0.5, 0.5, 0.5])
])
```

可以通过 index_describe_index_stats()方法返回有关索引内容的统计信息，包括维度、向量数量等。

```
print(index.describe_index_stats())
```

输出结果如下。

```
{'dimension': 8,
 'index_fullness': 5e-05,
 'namespaces': {'': {'vector_count': 5}},
 'total_vector_count': 5}
```

可以通过 query()方法查询索引并返回与传入向量最相似的 3 个向量。

```
index.query(
  vector = [0.3, 0.3, 0.3, 0.3, 0.3, 0.3, 0.3, 0.3],
  top_k = 3,
  include_values = True
)
```

输出结果如下。

```
{'matches': [{'id': 'C',
              'score': 0.0,
              'values': [0.3, 0.3, 0.3, 0.3, 0.3, 0.3, 0.3, 0.3]},
             {'id': 'D',
              'score': 0.0799999237,
              'values': [0.4, 0.4, 0.4, 0.4, 0.4, 0.4, 0.4, 0.4]},
             {'id': 'B',
              'score': 0.0800000429,
```

```
                'values': [0.2, 0.2, 0.2, 0.2, 0.2, 0.2, 0.2, 0.2]}],
 'namespace': ''}
```

如果不需要使用当前的索引，可以使用 delete_index() 方法将其删除。具体代码如下。

```
pinecone.delete_index("pinecone-test")
```

9.3　Chroma

9.2 节和 9.3 节已经介绍了 Milvus 和 Pinecone 的使用方法。但在实际开发时，Milvus 往往需要复杂的安装过程，而免费版的 Pinecone 也有使用上的额度限制。作为一款轻量级的开源向量数据库，Chroma 具备基本的向量查询功能，而且其简洁的设计和易用的特性使得初学者也能快速上手。

9.3.1　安装与配置

在使用 Chroma 前，我们仅需要安装 chromadb 库。可以通过如下代码安装 chromadb 库。若引入 chromadb 库之后并未报错，则证明该库安装成功。

```
pip install chromadb
```

9.3.2　基本操作

本节介绍 Chroma 的基本操作方式。首先，获取 Chroma 客户端，并创建集合（Collection，类似于关系型数据库的一张表）。Collection 负责存储向量、文档和其他元数据。此处设置 Collection 的名称为 my_collection。具体代码如下。

```
import chromadb
chroma_client = chromadb.Client()
collection = chroma_client.create_collection(name = "my_collection")
```

create_collection() 方法还带有可选的参数 metadata，通过设置其值可以自定义向量空间的距离计算方法。此处设置距离计算方法是余弦相似度。hnsw:space 的有效选项包括 l2（欧氏距离）、ip（点积）和 consine（余弦相似度）。具体代码如下。

```
collection = client.create_collection(
    name = "collection_name",
    metadata = {"hnsw:space": "cosine"})
```

除此之外，如果想将数据持久化存储到本地磁盘，可以将本地磁盘中的目录地址传递给 Chroma。具体代码如下。

```
chroma_client = chromadb.PersistentClient(path = "读者的本地目录")
```

接下来向 Chroma 中添加数据。如果向 Chroma 传递了文本信息列表，则程序会将其嵌入 Collection 的 Embedding()方法中，以便将文本信息转化为词向量。当文本信息过大而无法使用所选的 Embedding()方法时，会产生异常。Embedding（词向量或词嵌入）是集合的重要组成部分。可以根据 Chroma 内部包含的 Embedding 模型隐式生成，或者基于 OpenAI 公司等提供的外部模型生成 Embedding。Chroma 默认使用 Sentence Transformers 的 all-MiniLM-L6-v2 模型创建 Embedding。在本地运行时，需要下载模型文件。

在添加数据时，每个数据必须有一个唯一的关联 ID。在下面代码中，metadata 可以为每个数据提供可选的字典列表，以存储附加信息并在过滤操作中发挥作用。在这个示例中，每条数据都关联一个包含单个键 "source" 和对应值 "my_source" 的字典。其中，ids 参数指定每条数据的唯一标识符列表。在 Chroma 中，每条数据都可以有一个与之关联的唯一 ID，用于后续对该文档的引用和检索。

```
collection.add(documents = ["This is a document", "This is another document"],
               metadatas = [{"source": "my_source"}, {"source": "my_source"}],
               ids = ["id1", "id2"])
```

如果已经生成了词向量，也可以直接将其添加到 Collection 中。具体代码如下。

```
collection.add(embeddings = [[1.2, 2.3, 4.5], [6.7, 8.2, 9.2]],
               documents = ["This is a document", "This is another document"],
               metadatas = [{"source": "my_source"}, {"source": "my_source"}],
               ids = ["id1", "id2"])
```

可以使用 query()方法来查询 Collection 中与查询文本（如下示例中的 query_texts）最相近的 n 个结果。具体代码如下。

```
results = collection.query(query_texts = ["This is a query document"],
                           n_results = 2)
```

除此之外，还可以通过设置参数 query_embedding（传入的是向量而不是文本）来进行查询。同时，还可以通过可选的参数 where 和 where_document 进行过滤。具体代码如下。

```
collection.query(
    query_embeddings = [[11.1, 12.1, 13.1], [1.1, 2.3, 3.2]],
    n_results = 10,
    where = {"metadata_field": "is_equal_to_this"},
    where_document = {"$contains": "search_string"}
)
```

输出结果如下。

```
{'ids': [['id1', 'id2']],
'distances': [[0.7111214399337769, 1.0109773874282837]],
'metadatas': [[{'source': 'my_source'}, {'source': 'my_source'}]],
'embeddings': None,
'documents': [['This is a document', 'This is another document']]}
```

Chroma 向量数据库支持基于元数据或 ids 的查询。在下面的查询代码中，首先执行相似性搜索，然后根据参数 where 过滤查询，该参数指定了具体的元数据。

```
results = collection.query(
    query_texts = ["another"],
    where = {"source": "my_source"},
    n_results = 1
)
print(results)
```

输出结果如下。

```
{'ids': [['id2']],
'distances': [[1.1477371454238892]],
'metadatas': [[{'source': 'my_source'}]],
'embeddings': None,
'documents': [['This is another document']]}
```

最后，可以使用 delete()方法删除集合中的元素，如删除 ids 值为“id2”的元素的代码如下。

```
collection.delete("id2")
```

9.4   小结

本章主要介绍了 Milvus、Pinecone 和 Chroma 这 3 款常用向量数据库的使用方法。目前，大模型的记忆能力依旧存在一定的局限性，且大多数模型无法实现联网查询为了弥补这一缺陷，提升模型的回答效果，我们可以通过知识库+向量搜索的方式将查询结果与用户提问进行拼接。第 11 章将对此方式进行详细介绍。

9.5   课后习题

（1）如何理解 Milvus 2.0 版本的 Field、Entity、Collection 组件？

（2）与 Pinecone 和 Milvus 相比，Chroma 的优势是什么？

（3）按照本章提供的实践案例，安装并尝试使用 Milvus、Pinecone、Chroma 这 3 款向量数据库。

第 10 章

前端可视化工具

本章主要介绍两种常用的前端可视化工具——Gradio 和 Streamlit。当模型训练完成后,可以使用 Gradio 和 Streamlit 这两种工具来构建美观的可视化界面,即使是没有任何技术背景的用户,也可以轻松使用和操作模型。

Gradio 和 Streamlit 都是简单易用的前端可视化工具,但在功能和特点上各有优势。Streamlit 在可拓展性的表现上更为突出。它提供了丰富的组件和更高的用户自定义空间,但相应地,它的使用难度也会略高。Gradio 适合快速搭建交互式的 Web 应用程序,其简洁易用的特点使得开发者能够迅速将模型进行推广。

在应用过程中,大模型运行于软件系统的后端。在开发过程中或开发完成之后,我们都需要了解大模型的使用效果,此时好用的前端可视化工具就显得尤为重要。它不仅能够让开发者直观地感受大模型的运行效果,从而进行有针对性的调整和优化,还能够作为纽带,使得客户快速理解并认可我们的工作。

选择一种适合自己的前端可视化工具,对于技术人员来说是非常重要的。这种工具不仅能够提升我们的工作效率,还能够帮助我们更好地展示自己的工作成果。对于技术人员,不仅要埋头苦干把工作做好,而且要善于展示自己的工作。这样既有利于个人及团队发展,也有利于推动产品的持续优化和迭代。

10.1 Gradio

Gradio 是一个用于快速构建机器学习 Web 可视化页面的开源 Python 库,它具有如下优势。

- 便于分享:在启动应用时可以设置参数 share 为 True,以创建外部分享链接,便于快速分享。

- 方便调试：可以在 Jupyter Notebook 中输出可视化页面，方便开发者进行调试。

10.1.1 Gradio 安装

本节介绍 Gradio 的使用方式。首先，通过如下代码安装 Gradio 库。

```
pip install gradio
```

随后，通过一个简单的彩色图像转灰度图像案例测试 Gradio 的安装效果。用户可以在该应用中上传自己的图像，经过处理后，应用会将上传的图像转化为灰度图像。具体代码如下。

```
import gradio as gr
import cv2

def to_black(image):
    output = cv2.cvtColor(image, cv2.COLOR_BGR2GRAY)
    return output

interface = gr.Interface(fn = to_black, inputs = "image", outputs = "image")
interface.launch()
```

Gradio 构建可视化页面的核心方法是 Interface()方法。其中，参数 fn 用来存放用户自定义方法；参数 inputs 表明输入数据的类型（因为上述示例中输入的数据类型是图像，所以 inputs 的值为"image"）；参数 outputs 表明输出数据的类型（因为上述示例中输出的数据类型是图像，所以 inputs 的值为"image"）。在代码的最后，通过 interface.lauch()方法对构建的可视化页面进行发布，程序会自动输出相应的网址。在浏览器的地址栏输入相应的网址即可查看生成的页面。

对于任何图像处理类的机器学习任务，只要首先定义好包含"图像输入→模型处理→返回图片"的方法，然后将其传入参数 fn，并定义好输入与输出的类型，即可得到美观的可视化页面。

10.1.2 常用操作

下面介绍 Gradio 的常用操作，包括增加示例、创建外部访问链接、搭建文本分类应用程序和搭建阅读理解应用程序等。

1. 增加示例

为了方便用户使用，我们可以在页面下方添加供用户选择的测试样例。例如，对于 10.1.1 节提到的彩色图像转灰度图像示例，可以向用户提供少量彩色图像样例，这样用户就不必自行上传彩色图像。实现方式是在 gr.Interface()方法的参数 examples 中放入图像的存储路径，

格式为 "[[路径 1], [路径 2], …]"。具体代码如下。

```
import gradio as gr
import cv2
def to_black(image):
    output = cv2.cvtColor(image, cv2.COLOR_BGR2GRAY)
    return output
interface = gr.Interface(fn = to_black, inputs = "image", outputs = "image",
                         examples = [["读者的本地图像文件地址"]])
interface.launch()
```

在页面中增加样例，不仅能让页面更加美观，也能让程序的操作逻辑更加完善。

2.　创建外部访问链接

如果想把自己构建的 Web 应用程序分享给其他人，就需要创建外部人员能够任意访问的链接。只须使用 launch(share=True) 方法即可。具体代码如下。运行程序后会自动输出可供外部人员访问的链接。需要注意的是，免费外部访问链接的有效期为 24h，若想要长期使用，可以在 Gradio 官方网站购买云服务。

```
import gradio as gr
import cv2
def to_black(image):
    output = cv2.cvtColor(image, cv2.COLOR_BGR2GRAY)
    return output
interface = gr.Interface(fn = to_black, inputs = "image", outputs = "image",
                         examples = [["读者的本地图像文件地址"]])
interface.launch(share = True)
```

如果使用的是 Windows 操作系统，在使用 Gradio 构建 Web 应用时，需要在 Windows 安全中心中允许该应用程序的相关操作，避免出现 "Could not create share link. Please check your internet connection or our status page." 报错信息。

运行应用程序后，可以发现，Gradio 提供了应用程序的端口号及外部访问链接，如图 10-1 所示。

图 10-1　提供外部访问链接

3.　搭建文本分类应用程序

在 Gradio 中搭建一款简单、实用的自然语言处理应用程序只需要 3 行代码。下面介绍如何搭建一个文本分类应用程序。这里使用的模型是来自 Hugging Face 网站的 uer/roberta-

base-finetuned-dianping-chinese。首先使用第 3 章介绍的 pipeline()方法加载模型。具体代码
如下。

```
import gradio as gr
from transformers import pipeline
gr.Interface.from_pipeline(pipeline("text-classification", model = "uer/roberta-base-
finetuned-dianping-chinese")).launch()
```

其中，需要加载大小为 400MB 的模型。运行上述代码，设置的任务类型为 text-classification
（文本分类）任务。由 Gradio 构建的应用程序会默认启动在本地的 7860 端口。在浏览器中
输入网址 http://127.0.0.1:7860 即可访问应用程序。首先在应用程序的左侧输入待分类文本，
然后点击"提交"按钮，右侧便会展示模型输出的情感预测的结果及概率，如图 10-2 所示。

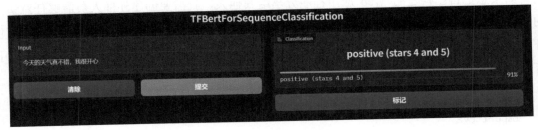

图 10-2　文本分类应用程序界面

4. 搭建阅读理解应用程序

接下来构建一个更加简易的阅读理解 Web 应用程序。通过该应用程序，用户输入一段
背景材料，模型即可针对该材料回答用户提出的各类问题。输入如下代码，将任务类型设置
为 question-answering（问答）任务，导入模型，并运行程序。在浏览器中输入网址
http://127.0.0.1:7860，可观察到图 10-3 所示的简易 Web 应用程序。其中，输入包含 Context
和 Question 两部分，输出包含 Answer 和 Score 两部分，我们向模型提供关于爱迪生的生平
资料，并向其提问"爱迪生出生在美国哪个小镇？"，模型可以正确给出结果。

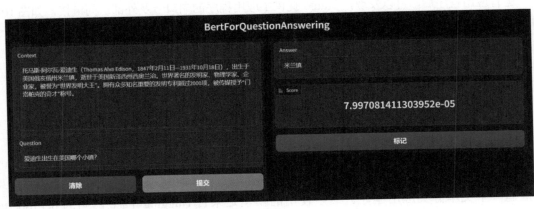

图 10-3　阅读理解 Web 应用程序界面

```
import gradio as gr
from transformers import pipeline
gr.Interface.from_pipeline(
        pipeline("question-answering", model = "uer/roberta-base-finetuned-dianping-
chinese")).launch(
        share = True)
```

通过前面的两个示例可以发现，虽然 Web 应用程序可以满足功能要求，但是页面整体较为简陋。除了标题和各种输入框、按钮以外，还缺少样例、作者、应用描述等信息，我们可以通过配置几个简单的参数来完善页面内容。这里还是以阅读理解应用程序为例进行介绍。我们向 Interface()方法传入 description（介绍）、examples（示例）等参数，丰富页面中的信息。具体代码如下。

```
import gradio as gr
from transformers import pipeline
title = "抽取式问答"
description = "输入上下文与问题后，点击 submit 按钮，可从上下文中抽取出答案！"
examples = [
        ["李白，字太白，号青莲居士，祖籍陇西成纪（今甘肃省秦安县），出生于蜀郡绵州昌隆县（一说出生于西
域碎叶）。唐朝伟大的浪漫主义诗人，代表作有《望庐山瀑布》《行路难》《蜀道难》《将进酒》《早发白帝城》等。", "
《早发白帝城》的作者是"],
        ["李白为人爽朗大方，乐于交友，爱好饮酒作诗，名列酒中八仙。曾经得到唐玄宗李隆基赏识，担任翰林供
奉，赐金放还，游历全国。李白所作词赋，就其开创意义及艺术成就而言，享有极为崇高的地位，后世誉为诗仙，与诗
圣杜甫并称李杜。", "被誉为诗仙的人是"]
        ]
article = "大模型开发基础"
gr.Interface.from_pipeline(
        pipeline("question-answering", model = "uer/roberta-base-chinese-extractive-qa"),
        title = title, description = description, examples = examples, article =
article).launch()
```

运行上述代码后，界面中的 Example 部分是可以点击的，点击后将样例中的内容自动填充到 Context 和 Question 部分中。由于 Description 和 Article 部分支持 Markdown 语法，因此我们可以根据需求自行丰富、完善各部分的内容。

10.1.3 Interface 使用详解

前面介绍的演示系统是基于 Pipeline 方法的，各个部分的模块都是已定义好的，在灵活性上有所欠缺。对于同样的阅读理解任务，本节将介绍一种自定义实现方式——通过 Interface()方法加载。要求输入包含上下文背景（Context）和问题（Question）两部分，输出包含回答（Answer）和得分（Score）两部分。此处的回答内容需要与问题进行拼接，形式为"问题: 回答"。针对这一需求，具体实现步骤如下。

首先，定义 custom_predict()方法。该方法的输入包括 Context 和 Question 两部分，输出包括 Answer 和 Score 两部分，本质上还是调用 Pipeline 方法进行推理，但是在生成答案时进行了额外的拼接处理。具体代码如下。

```
import gradio as gr
from transformers import pipeline
qa = pipeline("question-answering", model = "uer/roberta-base-chinese-extractive-qa")
def custom_predict(context, question):
    answer_result = qa(context = context, question = question)
    answer = question + ": " + answer_result["answer"]
    score = answer_result["score"]
    return answer, score
```

其次，在 Interface()方法中绑定执行方法并指定输入输出组件。其中，参数 fn 与 custom_predict()方法进行绑定；参数 inputs 指定输入组件，因为本应用中包含 context 和 question 两个文本类型的输入，所以参数 inputs 的值为["text", "text"]（text 表示输入组件为 TextBox，text 只是一种便捷的指定方式）；参数 outputs 指定输出组件，answer 是文本类型的输出，score 是标签类型的输出，这里采用了与 inputs 字段不一样的创建方式，可以直接创建对应的组件。这种方式的优势在于可以对组件进行精细配置，例如此处分别指定了两个输出模块的 label。具体代码如下。

```
gr.Interface(fn = custom_predict,
             inputs = ["text", "text"],
             outputs = [gr.Textbox(label = "answer"),
                        gr.Label(label = "score")],
             title = title,
             description = description,
             examples = examples,
             article = article).launch()
```

需要注意的是，在编写代码时，输入和输出的参数个数要与 custom_predict()方法的输入和输出的参数个数保持一致，并且对于参数 outputs，推荐使用创建的方式。可以看到，在本示例中，其他部分与我们使用 Pipeline()方法创建的方式都一致，只是在回复内容中实现了问题与回答的拼接。通过灵活运用 Gradio 提供的组件，我们还可以创建包含任意输入、输出的更加复杂的系统。

10.1.4　Blocks 使用详解

虽然 Interface 是 Gradio 的一个高级组件，它支持一定的自定义内容，但是其灵活性略差，因为所有的组件都被划分为左右两部分，左侧表示输入，右侧表示输出。若使用 Interface，就要接受这样的默认设定。如果开发者现在需要将界面改为上下层结构（上层表示输入，下层表示输出），就需要用到 Blocks。

Blocks 是比 Interface 更加底层的模块，它支持简单的自定义排版。接下来我们通过 Blocks 重构 10.1.2 节的阅读理解 Web 应用程序。要求新的应用程序整体上采用上下层结构，从上到下依次是上下文背景（Context）、问题（Question）、"清除输入"按钮（Clear）和"提交"按钮（Submit）、回答（Answer）、得分（Score），其余如标题（Title）、示例（Examples）等组件的位置保持不变。具体代码如下。我们可以使用 Column() 和 Row() 方法将组件限制为列排列和行排列，使得页面内容更加有序。

```python
import gradio as gr
from transformers import pipeline
title = "抽取式问答"
description = "输入上下文与问题后，点击 submit 按钮，可从上下文中抽取出答案！"
examples = [
    ["李白，字太白，号青莲居士，祖籍陇西成纪（今甘肃省秦安县），出生于蜀郡绵州昌隆县（一说出生于西域碎叶）。唐朝伟大的浪漫主义诗人，代表作有《望庐山瀑布》《行路难》《蜀道难》《将进酒》《早发白帝城》等。",
"《早发白帝城》的作者是"],
    ["李白为人爽朗大方，乐于交友，爱好饮酒作诗，名列酒中八仙。曾经得到唐玄宗李隆基赏识，担任翰林供奉，赐金放还，游历全国。李白所作词赋，就其开创意义及艺术成就而言，享有极为崇高的地位，后世誉为诗仙，与诗圣杜甫并称李杜。", "被誉为诗仙的人是"]
    ]
article = "大模型开发基础"
qa = pipeline("question-answering", model = "uer/roberta-base-chinese-extractive-qa")
def custom_predict(context, question):
    answer_result = qa(context = context, question = question)
    answer = question + ": " + answer_result["answer"]
    score = answer_result["score"]
    return answer, score
def clear_input():
    return "", "", "", ""
with gr.Blocks() as demo:
    gr.Markdown("# 抽取式问答")
    gr.Markdown("输入上下文与问题后，点击 submit 按钮，可从上下文中抽取出答案！")
    with gr.Column():
        context = gr.Textbox(label = "context")
        question = gr.Textbox(label = "question")
    with gr.Row():        # 行排列
        clear = gr.Button("clear")
        submit = gr.Button("submit")
    with gr.Column():     # 列排列
        answer = gr.Textbox(label = "answer")
        score = gr.Label(label = "score")
    #绑定 submit 点击方法
    submit.click(fn = custom_predict, inputs = [context, question], outputs = [answer,
score])
    # 绑定 clear 点击方法
    clear.click(fn = clear_input, inputs = [], outputs = [context, question, answer,
score])
```

```
     gr.Examples(examples, inputs = [context, question])
     gr.Markdown("大模型开发")
demo.launch()
```

当运行上述应用程序时，就能通过本地的 7860 端口进行访问。Gradio 提供了一种非常方便的方式，可以使得本地服务在任何地方都可以调用。我们只需要在调用 launch()方法时，指定 share 参数的值为 True 即可。该服务除了提供一个本地地址以外，还提供一个公网地址，如 https://××××. gradio.app。具体代码如下。

```
demo.launch(inbrowser = True, inline = False, validate = False, share = True)
```

launch()方法的参数及其说明如表 10-1 所示。

表 10-1　launch()方法的参数及其说明

参数名称	说明
inbrowser	模型是否应在新的浏览器窗口中启动
inline	模型是否应该嵌入交互式 Python 环境中（如 Jupyter NoteBook 或 Colab NoteBook）
validate	Gradio 是否应该在启动之前尝试验证接口模型的兼容性
share	是否应创建共享模型的公共链接

10.2　Streamlit

Streamlit 是一个用于开发简易 Web 应用程序的开源框架。它可以通过少量代码将 Python 应用程序转换为具有丰富交互功能的 Web 应用程序。Streamlit 的特点如下。

● Streamlit 并不需要开发者拥有丰富的前端知识。

● Streamlit 包含了丰富的数据展示形式。

● 通过 Python 代码可控制应用程序的运行逻辑。

10.2.1　安装与配置

Streamlit 可在几分钟内将 Python 应用程序转变为可共享的 Web 应用程序。首先，我们需要在本地配置 Streamlit，推荐采用如下环境进行配置。

● Python 3.7 或者更高级的版本。

● 若在 Windows 操作系统下使用，推荐使用 Conda 环境。

首先，通过如下代码安装 Streamlit。

```
pip install streamlit
```

安装 Streamlit 之后，还需要在环境变量中添加 Streamlit 的安装目录。

```
    "What\'s your favorite movie genre",
    ('Comedy', 'Drama', 'Documentary'))
if genre == 'Comedy':
    st.write('You selected comedy.')
else:
    st.write("You didn\'t select comedy.")
option = st.selectbox(
    "How would you like to be contacted?",
    ("Email", "Home phone", "Mobile phone")
)
st.write('You selected:', option)
options = st.multiselect(
    'What are your favorite colors',
    ['Green', 'Yellow', 'Red', 'Blue'],
)
st.write('You selected:', options)
```

slider 相关的 API 也是进行大模型 Web 前端可视化部署的常用控件，包括 st.slider、st.select_slider 等。具体代码如下。

```
import streamlit as st
age = st.slider('How old are you?', 0, 130, 25)
st.write("I'm ", age, 'years old')
color = st.select_slider(
    'Select a color of the rainbow',
    options = ['red', 'orange', 'yellow', 'green', 'blue', 'indigo', 'violet'])
st.write('My favorite color is', color)
```

其他常用控件 API 及其说明如表 10-3 所示。

表 10-3 其他常用控件 API 及其说明

控件 API 名称	说明
st.text_input	单行文本输入
st.number_input	数值输入
st.text_area	多行文本输入
st.date_input	日期输入
st.time_input	时间输入
st.file_uploader	文件上传
st.camera_input	摄像头拍照
st.color_picker	颜色选择
st.image	展示图片
st.audio	展示音频
st.video	展示视频

10.2.4   页面布局 API

Streamlit 提供的页面布局方式分别是 Siderbar、Columns 和 Tabs。其中，st.sidebar()方法可用于创建左边栏，st.columns()方法用于展示分列的内容，st.tabs()方法用于展示分栏的内容，还可以用 st.expander()方法进行内容的折叠。

st.sidebar()方法的用法如下。

```
import streamlit as st
add_selectbox = st.sidebar.selectbox(
    "How would you like to be contacted?",
    ("Email", "Home phone", "Mobile phone")
)
with st.sidebar:
    add_radio = st.radio(
        "Choose a shipping method",
        ("Standard (5-15 days)", "Express (2-5 days)")
    )
```

st.columns()方法的用法如下。

```
import streamlit as st
col1, col2, col3 = st.columns(3)
with col1:
    st.header("A cat")
    st.image("cat.jpg 的 URL 地址")
with col2:
    st.header("A dog")
    st.image("dog.jpg 的 URL 地址")
with col3:
    st.header("An owl")
    st.image("owl.jpg 的 URL 地址")
```

st.tabs()方法的用法如下。

```
import streamlit as st
tab1, tab2, tab3 = st.tabs(["Cat", "Dog", "Owl"])
with tab1:
    st.header("A cat")
    st.image("cat.jpg 的 URL 地址", width = 200)
with tab2:
    st.header("A dog")
    st.image("dog.jpg 的 URL 地址", width = 200)
with tab3:
    st.header("An owl")
    st.image("owl.jpg 的 URL 地址", width = 200)
```

st.expander()方法的用法如下。

```
import streamlit as st
st.bar_chart({"data": [1, 5, 2, 6, 2, 1]})
with st.expander("See explanation"):
    st.write("""
        The chart above shows some numbers I picked for you.
        I rolled actual dice for these, so they're *guaranteed* to
        be random.
    """)
    st.image("dice.jpg 的 URL 地址")
```

10.2.5 状态存储

由于 Streamlit 可以存储当前网页的状态，类似 Session 的概念，因此它可以记录用户之前的输入和输出。Session 机制是一种在客户端与服务器之间保持状态的解决方案。st.session_state()方法是 Streamlit 提供的一种在用户会话之间共享变量的方法。它就像一个字典，用户可以在其中存储键值对。例如，想要实现一个简单的计数器应用，当用户调整滑块时，计数器的值都会增加。具体代码如下。

```
import streamlit as st
# 初始化 session state 中的 count
if 'count' not in st.session_state:
    st.session_state.count = 0
# 创建滑块控件，并设置回调函数来处理值的变化
def on_slider_change():
    st.session_state.count += 1
```

当 Streamlit 的输入控件发生变化时，可以向 on_change 或 on_click 参数传入回调方法。具体代码如下，最终实现一个简易的计数器应用。

```
slider_value = st.sidebar.slider('Slider', 0, 100, on_change=on_slider_change)
# 显示当前 slider 的值和改变次数
st.write(f"Total changes: {st.session_state.count}")
```

10.3 小结

本章主要介绍了 Gradio 和 Streamlit 两种 Web 前端可视化工具。它们不仅可以帮助开发者快速构建部署在 Web 上的大模型应用程序，而且具有极高的自由度，可以满足大部分开发需求。

10.4   课后习题

（1）Gradio 具有哪些优势？

（2）Streamlit 主要包含哪几个模块？

（3）按照本章所介绍的配置过程，安装 Gradio、Streamlit，并尝试运行各个示例。

接下来介绍 Memory 组件提供的方法。

1. ConversationBufferMemory

ConversationBufferMemory 可以将用户与模型之间的交互信息直接存储在内存中。该方法的优点是方便语言模型回忆历史对话，以向用户提供更加连贯、流畅的对话服务，缺点是将产生较多的 Token，可能导致响应速度变慢并增加计算成本。此外，由于大模型限制输入 Token 的长度，因此并不总是能够接收全部的历史交互信息。

LangChain 的 ConversationChain 是专门为需要存储历史交互信息的场景而创建的。在创建 ConversationChain 类的实例时，必须提供如下 3 个参数：

- llm：指定用于生成响应的语言模型；
- memory：指定用于存储历史交互信息的 Memory 组件；
- verbose：控制用户与语言模型对话过程中是否输出提示信息。

具体实现代码如下。

```
import os
from langchain.memory import ConversationBufferMemory
from langchain.chains import ConversationChain
from langchain.llms import OpenAI
os.environ["OPENAI_API_KEY"] = '读者申请的 OpenAI API Key'
conversation_with_memory = ConversationChain(
llm = OpenAI(temperature = 0),
memory = ConversationBufferMemory(),
verbose = True
)
conversation_with_memory.predict(input = "你好,我是 Kevin") conversation_with_memory.predict(input = "我是一个人工智能大模型爱好者，喜欢通过公众号分享人工智能知识")
conversation_with_memory.predict(input = "我希望你能根据我所提供的信息,为公众号设计一个专业名称")
conversation_with_memory.predict(input = "你还可以给出更多选项吗")
```

运行上述代码后，语言模型会将历史交互信息存储在内存中。在进行下次对话时，内存中的历史交互信息将作为上下文传递给模型，以生成更加具有连贯性和准确性的响应。

2. ConversationBufferWindowMemory

ConversationBufferWindowMemory 是 ConversationMemory 的一个子类，该类维护一个内存窗口，其中只存储最近指定数量的历史交互信息。

在使用 ConversationBufferWindowMemory 时，用户可以在对话中只保留最近的交互信息，以控制内存的大小。这对于资源受限的环境或需要快速丢弃旧交互信息的场景非常有用。具体代码如下。

```
import os
from langchain.memory import ConversationBufferWindowMemory
from langchain.chains import ConversationChain
from langchain.llms import OpenAI
os.environ["OPENAI_API_KEY"] = '读者申请的 OpenAI API Key'
conversation_with_memory = ConversationChain(
llm = OpenAI(temperature = 0),
    memory = ConversationBufferWindowMemory(k = 2),
    verbose = True
)
conversation_with_memory.predict(input = "你好，我是 Mark")
conversation_with_memory.predict(input = "我是一个人工智能爱好者，喜欢通过自媒体传播人工智能知识")
conversation_with_memory.predict(input = "如今大模型发展得如火如荼，你能帮我制定一期视频节
目的内容大纲吗")
conversation_with_memory.predict(input = "你还可以给出更多选项吗")
```

在上述代码中，参数 k=2 表示将用户与模型之间对话的最后两轮存储在内存中。这种方法不适合保留长期记忆，但可以帮助开发者限制所使用的 Token 数量。

3. ConversationTokenBufferMemory

ConversationTokenBufferMemory 是 ConversationMemory 的 另 一 个 子 类，与 ConversationBufferWindowMemory 不同，它只能存储固定 Token 数量的历史交互信息。在下面的代码中，ConversationTokenBuffer Memory 所能存储的最大 Token 数量被设置为 60。

```
import os
from langchain.memory import ConversationTokenBufferMemory
from langchain.chains import ConversationChain
from langchain.llms import OpenAI
os.environ["OPENAI_API_KEY"] = '读者申请的 OpenAI API Key'
llm = OpenAI(temperature = 0)
conversation_with_memory = ConversationChain(
    llm=llm,
    memory = ConversationTokenBufferMemory(llm = llm,max_token_limit = 60),
    verbose = True
)
conversation_with_memory.predict(input = "你好，我是 Mark")
conversation_with_memory.predict(input = "我是一个人工智能爱好者，喜欢通过自媒体传播人工智能知识")
conversation_with_memory.predict(input = "如今大模型发展得如火如荼，你能帮我制定一期视频节
目的内容大纲吗")
conversation_with_memory.predict(input = "你还可以给出更多选项吗")
```

4. ConversationSummaryMemory

ConversationSummaryMemory 可以用于解决长对话历史交互信息导致的存储问题。它通过总结用户与模型之间的交互信息，使历史交互信息更加精简，有效减少交互信息所占用的 Token 数量。然而，需要注意的是，ConversationSummaryMemory 高度依赖所使用的大模型的摘要能力。具体代码如下。

行动计划。

接下来通过具体案例来介绍 Agents 的基本用法。LangChain 提供了多种工具，如搜索引擎、数学计算等，可以帮助开发者构建丰富的应用。

首先，通过如下代码导入类库，并实例化一个 OpenAI 模型。此处我们设置 temperature 为 0，以降低模型生成内容的随机性。

```
import os
from langchain.agents.agent_toolkits import create_python_agent
from langchain.agents import load_tools, initialize_agent
from langchain.agents import AgentType
from langchain.tools.python.tool import PythonREPLTool
from langchain.python import PythonREPL
from langchain.chat_models import ChatOpenAI
os.environ["OPENAI_API_KEY"] = '读者申请的 OpenAI API Key'
llm = ChatOpenAI(temperature = 0)
```

其次，我们加载两种工具以使 Agent 完成用户所提出的任务。llm-math 是数学计算工具，wikipedia 可以调用维基百科 API，支持查询维基百科提供的海量内容。具体代码如下。

```
tools = load_tools(["llm-math", "wikipedia"], llm = llm)
```

然后，初始化 Agent。此处指定的 Agent 类型为 CHAT_ZERO_SHOT_REACT_DESCRIPTION。其中，参数 handle_parsing_errors=True 的含义是当遇到解析错误时要求模型改正后重新尝试。具体代码如下。

```
agent = initialize_agent(
    tools,
    llm,
    agent = AgentType.CHAT_ZERO_SHOT_REACT_DESCRIPTION,
    handle_parsing_errors = True,
    verbose = True)
```

最后，尝试让模型解决一个简单的数学问题（5 减去 3 等于多少）。具体代码如下。

```
agent("Five minus three equals how much")
```

输出结果如图 11-3 所示。可以看出，在收到用户的问题后，Agent 首先生成自己的想法（Thought）。Agent 认为应该用数学计算工具处理该问题。其次向数学计算工具传入数据，最后得到计算结果。

同样，开发者也可以通过自定义工具完成更加广泛的任务。在设计自定义工具时，需要引入 tool（也就是代码中的 "@tool"）。tool 用于修饰自定义工具。如下面的示例所示，我们声明 time 工具用于返回当前日期。其中，工具说明是非常重要且必不可少的。工具说明需要指定该工具对于输入及输出的要求。这里我们指定 Agent 在调用 time 工具时需要向其传入空的字符串。

```
from langchain.agents import tool
from datetime import date
@tool
def time(text: str) -> str:
    """Returns todays date, use this for any
    questions related to knowing todays date.
    The input should always be an empty string,
    and this function will always return todays
    date - any date mathmatics should occur
    outside this function.
    """
    return str(date.today())
```

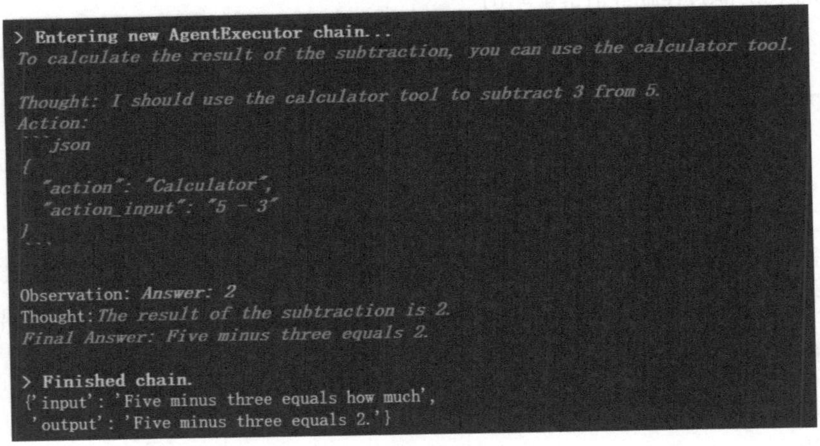

图 11-3　Agent 的输出结果

其次，初始化 Agent，将 time 工具加入之前定义的工具列表。具体代码如下。

```
agent = initialize_agent(
    tools + [time],
    llm,
    agent = AgentType.CHAT_ZERO_SHOT_REACT_DESCRIPTION,
    handle_parsing_errors = True,
    verbose = True)
```

最后，向 Agent 询问今日的日期。具体代码如下。

```
agent.run("What's the date today?")
```

输出结果如图 11-4 所示。可以看出，Agent 在解决问题时首先明确地调用了自定义的 time 工具，然后按照工具说明传入空字符串，最后得到准确的日期。

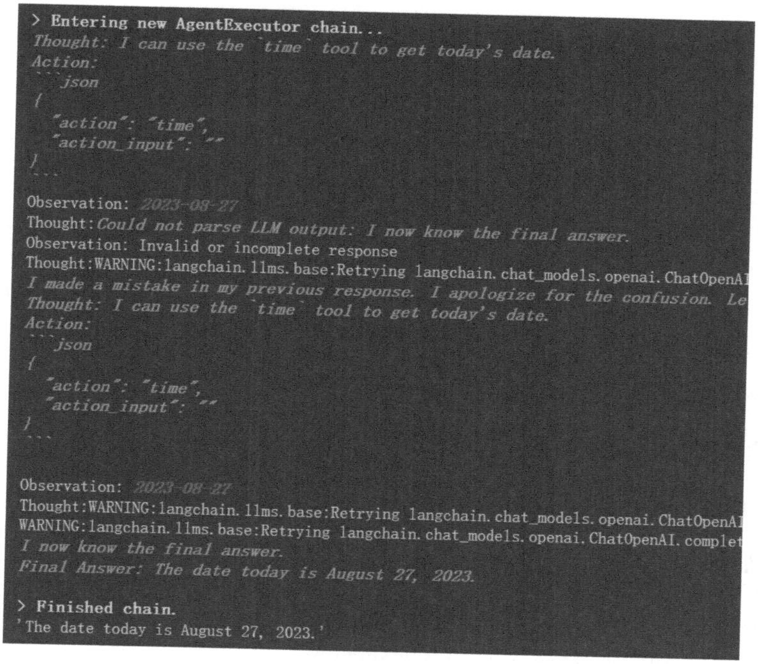

图 11-4 自定义工具的输出结果

11.2 基础操作

本节主要对 11.1 节所介绍的关键组件如 Prompts、Chains、Agents 和 Memory 的使用方法进行讲解。

LangChain 包括两种调用 OpenAI 模型的接口——llms 模块中的 OpenAI 接口和 chat_models 中的 ChatOpenAI 接口。针对两者的区别，可以理解为 OpenAI 接口更加统一，而 ChatOpenAI 接口是 llms 模块接口的高级封装，旨在提供简化的对话式语言模型功能。可以通过如下形式调用 OpenAI 模型。

1. 使用 OpenAI 接口的 llm()方法

具体代码如下。

```
import os
from langchain.llms import OpenAI
os.environ["OPENAI_API_KEY"] = '读者申请的 OpenAI API Key'
llm = OpenAI(model_name = "gpt-3.5-turbo", temperature = 0)
res = llm("请用一句话介绍成都")
print(res)
```

输出结果如下。

成都是中国四川省的省会，以美食文化和悠久历史闻名。

2. 使用 OpenAI 接口的 predict()方法

具体代码如下。

```
import os
from langchain.llms import OpenAI
os.environ["OPENAI_API_KEY"] = '读者申请的 OpenAI API Key'
llm = OpenAI(model_name = "gpt-3.5-turbo", temperature = 0)
res = llm.predict("请用一句话介绍成都")
print(res)
```

输出结果如下。

成都，位于中国西南，是一座历史悠久、文化深厚、美食丰富的现代化城市。

3. 使用 ChatOpenAI 接口的 predict()方法

具体代码如下。

```
import os
from langchain.chat_models import ChatOpenAI
os.environ["OPENAI_API_KEY"] = '读者申请的 OpenAI API Key'
llm = ChatOpenAI(model_name = "gpt-3.5-turbo", temperature = 0)
res = llm.predict("请用一句话介绍成都")
print(res)
```

输出结果如下。

成都，是中国西南地区著名历史文化名城，以其美食文化和悠久历史而闻名于世。

11.2.1 Prompts 的用法

通常，开发者会将用户的输入添加到一个称为提示词模板的文本片段中。这个提示词模板会提供关于特定任务的附加上下文。在构建提示词模板后，可以通过链将定义的模型和提示词模板串联起来。在使用 OpenAI 接口和 ChatOpenAI 接口时，关于提示词模板的选择方式存在差异。

如果使用 OpenAI 接口，则可以使用 PromptTemplate 构建最简单的提示词模板。

```
from langchain.prompts import PromptTemplate
prompt = PromptTemplate.from_template("你是一名计算机学科的老师，需要根据学生提出的问题，给
出完整的解答结果。学生的提问是：{student_msg}。")
prompt.format(student_msg = "列出两种常见的数据结构，并解释它们的用途")
```

输出结果如下。

你是一名计算机学科的老师，需要根据学生提出的问题，给出完整的解答结果。学生的提问是：列出两种常见的数据结构，并解释它们的用途。

ChatOpenAI 接口可以基于 MessagePromptTemplate 来构建提示词模板。我们可以基于一个或多个 MessagePromptTemplate 构建对话形式的提示词模板 ChatPromptTemplate。在构建的过程中，可以使用 ChatPromptTemplate 的 format_messages()方法来生成格式化的消息。具体代码如下。

```
from langchain.prompts import(
SystemMessagePromptTemplate,
HumanMessagePromptTemplate,
ChatPromptTemplate
)
template = "你是一名翻译专家，能够将{input_language}翻译成{output_language}."
system_message_prompt = SystemMessagePromptTemplate.from_template(template)
human_template = "{text}"
human_message_prompt = HumanMessagePromptTemplate.from_template(human_template)
chat_prompt = ChatPromptTemplate.from_messages([system_message_prompt, human_message_
prompt])
chat_prompt.format_messages(input_language = "中文", output_language = "英文", text =
"有志者事竟成")
```

输出结果如下。

```
[SystemMessage(content = '你是一名翻译专家,能够将中文翻译成英文.', additional_kwargs = {}),
HumanMessage(content = '有志者事竟成', additional_kwargs = {}, example = False)]
```

11.2.2　Chains 的用法

Chains（链）的主要作用是连接模型与构造的提示词模板。OpenAI 接口使用链的具体方法如下面的代码所示。首先调用最简单的 LLMChain，然后向其传入语言模型和提示词，最后调用 run()方法生成响应。

```
import os
from langchain.prompts import PromptTemplate
from langchain.chains import LLMChain
from langchain.llms import OpenAI
os.environ["OPENAI_API_KEY"] = '读者申请的 OpenAI API Key'
llm = OpenAI(model_name = "gpt-3.5-turbo", temperature = 0)
prompt = PromptTemplate.from_template("你是一名计算机学科的老师，需要根据学生提出的问题，给出完整的解答结果。学生的提问是：{student_msg}。")
chain = LLMChain(llm = llm, prompt = prompt)
student_msg = "列出两种常见的数据结构，并解释它们的用途"
res = chain.run(student_msg)
print(res)
```

输出结果如下。

当然，以下是两种常见的数据结构及其用途。

　　数组（Array）：数组是一种线性数据结构，它可以存储相同类型的元素，并通过索引来访问这些元素。数组适用于需要快速访问元素的场景，因为可以通过索引直接访问数组中的任何元素。

　　链表（Linked List）：链表也是一种线性数据结构，但与数组不同的是，链表中的元素并不在内存中相邻。每个元素（节点）都包含了数据和指向下一个节点的指针。链表适用于需要频繁插入和删除操作的场景，因为在链表中插入或删除元素只须调整节点的指针，无须移动其他元素。链表的灵活性使它在需要动态管理数据集合的情况下非常有用。

　　希望这些解释对你有所帮助！如果你有任何其他问题，也请随时问我。

下面介绍 ChatOpenAI 接口的实现方法。首先导入 LLMChain，然后传入大模型和包含系统响应与人类响应的提示词模板，并调用 run() 方法生成响应。具体代码如下。

```
import os
from langchain import LLMChain
from langchain.chat_models import ChatOpenAI
from langchain.prompts.chat import (
ChatPromptTemplate, SystemMessagePromptTemplate, HumanMessagePromptTemplate
)
os.environ["OPENAI_API_KEY"] = '读者申请的 OpenAI API Key'
llm = ChatOpenAI(model_name = "gpt-3.5-turbo", temperature = 0)
template = "你是一名计算机学科的老师，需要根据学生提出的问题，给出完整的解答结果。"
system_message_prompt = SystemMessagePromptTemplate.from_template(template)
human_template = "{text}"
human_message_prompt = HumanMessagePromptTemplate.from_template(human_template)
chat_prompt = ChatPromptTemplate.from_messages([system_message_prompt,
                                                human_message_prompt])
chain = LLMChain(llm = llm, prompt = chat_prompt)
student_msg = "列出两种常见的数据结构，并解释它们的用途"
res = chain.run(text = student_msg)
print(res)
```

输出结果如下。

　　当然，以下是两种常见的数据结构及其用途：

　　数组（Array）：数组是一种线性数据结构，它可以存储相同类型的元素，并通过索引来访问这些元素。数组适用于需要快速访问元素的场景，因为可以通过索引直接访问数组中的任何元素。

　　链表（Linked List）：链表也是一种线性数据结构，但与数组不同的是，链表中的元素并不在内存中相邻。每个元素（节点）都包含了数据和指向下一个节点的指针。链表适用于需要频繁插入和删除操作的场景，因为在链表中插入或删除元素只须调整节点的指针，无须移动其他元素。链表的灵活性使它在需要动态管理数据集合的情况下非常有用。

　　希望这些解释对你有所帮助！如果你有任何其他问题，也请随时问我。

11.2.3　Agents 的用法

LangChain 提供的 Agents 组件可以根据用户的输入动态选择工具、计划和方法以执行不同的任务。在本节中，我们将借助 SerpAPI 结合 LangChain 提供的 Agent 来执行联网搜索功能。

作为一款 Python 工具，SerpAPI 可以从不同的搜索引擎中搜索信息，并指定搜索参数的范围，例如搜索查询、位置、设备类型等。首先，在 SerpAPI 网站注册账号，得到

SERPAPI_API_KEY。

其次，通过如下代码安装 google-search-results 库。

```
pip install google-search-results
```

然后，通过如下代码导入相关类库，并设置 OPENAI_API_KEY 和 SERPAPI_API_KEY。

```
import os
from langchain.agents import AgentType, initialize_agent, load_tools
from langchain.llms import OpenAI
os.environ["SERPAPI_API_KEY"] = '读者申请的 SerpAPI API Key'
os.environ["OPENAI_API_KEY"] = '读者申请的 OpenAI API Key'
```

接下来，使用 OpenAI 接口实现能进行联网搜索的 Agent。首先，添加 serpapi 和 llm-math 工具；然后，向 initialize_agent()方法传入工具列表、大模型和 Agent 类型等参数；最后，调用 run()方法执行 Agent，并向其提问。具体代码如下。

```
llm = OpenAI(model_name = "gpt-3.5-turbo", temperature = 0)
tools = load_tools(["serpapi", "llm-math"], llm = llm)
agent = initialize_agent(tools,
                         llm,
                         agent = AgentType.ZERO_SHOT_REACT_DESCRIPTION,
                         verbose = True)
agent.run("河北省的省会是哪座城市？")
```

输出结果如下。

河北省的省会是石家庄市。

同样，也可以通过 ChatOpenAI 接口实现上述功能。具体代码如下。

```
import os
from langchain.agents import load_tools
from langchain.agents import initialize_agent
from langchain.agents import AgentType
from langchain.chat_models import ChatOpenAI
os.environ["SERPAPI_API_KEY"] = '读者申请的 SerpAPI API Key'
os.environ["OPENAI_API_KEY"] = '读者申请的 OpenAI API Key'
llm = ChatOpenAI(temperature = 0)
tools = load_tools(["serpapi", "llm-math"], llm = llm)
agent = initialize_agent(tools,
                         llm,
                         agent = AgentType.CHAT_ZERO_SHOT_REACT_DESCRIPTION,
                         verbose = True)
agent.run("河北省的省会是哪座城市？")
```

输出结果如下。

河北省的省会是石家庄市。

11.2.4 Memory 的用法

LangChain 提供的 Memory 组件可以存储用户与模型的历史交互信息。11.1.4 节已经介绍了 Memory 的多种用法。此处将以简单的示例进行介绍。首先，通过如下代码导入相关类库。

```
import os
from langchain.prompts import (
    ChatPromptTemplate,
    MessagesPlaceholder,
    SystemMessagePromptTemplate,
    HumanMessagePromptTemplate
)
from langchain.chains import ConversationChain
from langchain.chat_models import ChatOpenAI
from langchain.memory import ConversationBufferMemory
os.environ["OPENAI_API_KEY"] = '读者申请的 OpenAI API Key'
```

其次，向 ChatPromptTemplate 组件传入系统提示词与人类提示词。其中，MessagesPlaceholder 是消息占位符，可以根据实际需要，在格式化提示词时动态插入相关消息。

```
prompt = ChatPromptTemplate.from_messages([
    SystemMessagePromptTemplate.from_template(
        "假设你是一名中学教师，名字是 Eric，主要教授高中物理课程，经常会带领学生一起做各种有意思
的物理实验"
    ),
    MessagesPlaceholder(variable_name = "history"),
    HumanMessagePromptTemplate.from_template("{input}")
])
```

最后，构建 ConversationChain，与模型开展多轮对话。具体代码如下。

```
llm = ChatOpenAI(temperature = 0)
memory = ConversationBufferMemory(return_messages = True)
conversation = ConversationChain(memory = memory, prompt = prompt, llm = llm)
human_input = "你好啊！"
res1 = conversation.predict(input = human_input)
print("human: ", human_input)
print("bot: ",res1)
human_input = "你能够简单自我介绍一下吗？"
res2 = conversation.predict(input = human_input)
print("human: ", human_input)
print("bot: ",res2)
```

输出结果如下。

human： 你好啊！

bot： 你好！有什么我可以帮助你的吗？

human： 你能够简单自我介绍一下吗？

bot： 非常感谢！作为一名中学物理教师，我很高兴能够与你一起探索有趣的物理实验。物理实验是学习物理知识的重要途径，通过亲身实践，学生可以更好地理解抽象的物理概念。以下是一些适合高中学生的有趣物理实验，你可以考虑在课堂上进行：

1. 折射实验
2. 简单电路实验
3. 牛顿第三定律实验
4. 声波实验
5. 光的色散实验

可以看到，模型对于提问展现了良好的记忆力。

11.3 进阶实战

本节主要介绍 LangChain 的进阶实战项目，包括对话式检索问答、长短文本总结和结合向量数据库实现问答。

11.3.1 对话式检索问答

本节将会通过对话式检索问答链（Conversational Retrieval QA Chain）进行对话式检索问答项目的设计与实现。首先将聊天历史（可以是显式传入的，也可以是从提供的内存中检索得到的）和用户提问合并成一个独立的问题，然后从检索器中查找相关文档，最后将这些文档和问题传递给问答链以生成输出结果。具体实现过程如下。

首先，导入相关库，并使用 TextLoader 工具加载文本文件。此处选择的文本文件是《我的遥远的清平湾》（见本书配套资料）。具体代码如下。

```
import os
from langchain.embeddings.openai import OpenAIEmbeddings
from langchain.vectorstores import Chroma
from langchain.text_splitter import CharacterTextSplitter
from langchain.llms import OpenAI
from langchain.chains import ConversationalRetrievalChain
from langchain.document_loaders import TextLoader
from langchain.memory import ConversationBufferMemory
os.environ["OPENAI_API_KEY"] = '读者申请的 OpenAI API Key'
loader = TextLoader("读者的本地文本文件地址")
documents = loader.load()
```

其次，创建 CharacterTextSplitter 类的实例 text_splitter。此处设置参和 chunk_size=1000 和

chunk_overlap=0，使用 OpenAI 公司提供的 Embedding 工具将文本信息转化为向量，并将结果存储在 Chroma 向量数据库中。具体代码如下。

```
text_splitter = CharacterTextSplitter(chunk_size = 1000, chunk_overlap = 0)
documents = text_splitter.split_documents(documents)
embeddings = OpenAIEmbeddings()
vectorstore = Chroma.from_documents(documents, embeddings)
```

接下来通过如下代码创建一个内存对象，用于跟踪输入和输出。

```
memory = ConversationBufferMemory(memory_key = "chat_history", return_messages = True)
```

然后对 ConversationRetrievalChain 进行初始化，并传入模型、向量数据库和内存对象。具体代码如下。

```
qa = ConversationalRetrievalChain.from_llm(OpenAI(temperature = 0),
                                    vectorstore.as_retriever(), memory = memory)
```

接下来向模型询问文档中的内容，例如"北方的黄牛一般分为几种？"。具体代码如下。

```
query = "北方的黄牛一般分为几种？"
result = qa({"question": query})
print(result["answer"])
```

输出结果如下。

北方的黄牛一般分为蒙古牛和华北牛。

然后进行二次提问。可以看到，模型可以利用之前的历史信息进行回答。具体代码如下。

```
query = "作者有没有说哪一种华北牛最好？"
result = qa({"question": query})
print(result["answer"])
```

输出结果如下。

根据提供的信息，作者提到华北牛中的秦川牛和南阳牛是最好的。这些牛个儿大，肩峰很高，劲儿足。

接下来对上面的代码进行修改，以便直接传入聊天历史。首先，初始化一个没有内存对象的 Chain。具体代码如下。

```
qa = ConversationalRetrievalChain.from_llm(OpenAI(temperature = 0),
                                    vectorstore.as_retriever())
```

其次，设置一个空的列表 chat_history，用于存储聊天历史，然后向模型传入该列表，并询问问题。具体代码如下。

```
chat_history = []
query = "北方的黄牛一般分为几种？"
```

```
result = qa({"question": query, "chat_history": chat_history})
print(result["answer"])
```

接下来将上一步的输出与询问构成元组，加入列表中，然后继续向模型询问问题。具体代码如下。

```
chat_history = [(query, result["answer"])]
query = "作者有没有说哪一种华北牛最好？"
result = qa({"question": query, "chat_history": chat_history})
print(result["answer"])
```

最终可以得到与使用内存对象相近的输出。

LangChain 提供的 ConversationalRetrievalChain 还可以使用其他模型对当前提问和聊天历史进行压缩，以形成新的问题。这样操作的优势是可以首先使用较为便宜的模型（如GPT-3.5）对输入语料进行精简，然后使用价格更昂贵的模型（如 GPT-4）专注于与用户的交互。具体代码如下。

```
from langchain.chat_models import ChatOpenAI
qa = ConversationalRetrievalChain.from_llm(
    ChatOpenAI(temperature = 0, model = "gpt-4"),
    vectorstore.as_retriever(),
    condense_question_llm = ChatOpenAI(temperature = 0, model = 'gpt-3.5-turbo'),
)
```

借助传入聊天历史的方式来生成输出。具体代码如下。

```
chat_history = []
query = "北方的黄牛一般分为几种？"
result = qa({"question": query, "chat_history": chat_history})
print(result["answer"])
chat_history = [(query, result["answer"])]
query = "作者有没有说哪一种华北牛最好？"
result = qa({"question": query, "chat_history": chat_history})
print(result["answer"])
```

可以看到，新方法得到与前面方法类似的输出。

11.3.2　长短文本总结

通常大模型对用户单次输入的内容的长度有限制，此时可以通过 LangChain 提供的如下3 种常见方法对文本进行总结或分割。

- stuff 方法：一次性将所有内容输入大模型中。该方法的优点是只须调用一次大模型，可以提供完整的上下文信息；缺点是只适合短文本，现阶段所有大模型都有输入文本长度限制。

- map_reduce 方法：首先将长文本分成小块，然后大模型对每个小块进行总结，再将分块生成的总结进行合并。该方法的优点是可以处理很长的文本；缺点是需要频繁调用大模型，并且在合并过程中可能丢失信息。

- refine 方法：首先将长文本分成多个块，然后对第一个块进行总结，之后将总结的内容与第二个块进行合并，依此类推，最终生成整篇文章的文本总结。该方法的优点是与 map_reduce 方法相比，减少了信息丢失；缺点是需要多次调用大模型，并且对文本的输入顺序有要求，无法并行计算。

接下来将使用上述方法对文本材料进行总结。

1．stuff 方法

首先，通过如下代码导入相关库。

```
import os
from langchain import OpenAI
from langchain.chains.summarize import load_summarize_chain
from langchain.chains import AnalyzeDocumentChain
from langchain.text_splitter import CharacterTextSplitter
from langchain.chains.question_answering import load_qa_chain
os.environ["OPENAI_API_KEY"] = '读者申请的 OpenAI API Key'
```

其次，通过如下代码读取文本文件 short_news.txt（见本书配套资料）。这个文件中的内容是一篇短新闻。

```
CHAIN_TYPE = "stuff "
with open('读者的本地文本文件地址', 'r', encoding = 'utf-8') as f:
    comment = f.read()
llm = OpenAI(temperature = 0)
```

然后，定义文本分割器，每个块的大小设置为 1500，各个块之间不重叠。具体代码如下。

```
text_splitter = CharacterTextSplitter(
    chunk_size = 1500,
    chunk_overlap  = 0,
    length_function = len,
)
```

接下来调用文档分析链 AnalyzeDocumentChain 生成摘要。具体代码如下。

```
summary_chain = load_summarize_chain(llm, chain_type = CHAIN_TYPE)
summarize_document_chain = AnalyzeDocumentChain(combine_docs_chain = summary_chain,
text_splitter = text_splitter)
res = summarize_document_chain.run(comment)
print(res)
```

输出结果如下。

这篇文章介绍了青海省西宁市湟中区梅花鹿养殖基地的情况。该养殖基地建于现代化鹿舍内，饲养员通过精心喂养和照料以确保梅花鹿的健康。养殖基地目前拥有 860 头梅花鹿，计划培育适应青海高原特色的高原梅花鹿品种。未来，该基地计划发展成集生态养殖、产品加工和旅游观光为一体的绿色产业，为当地经济发展作出贡献。

2. map_reduce 方法

此处选择较长的新闻文本（文件名为 long_news.txt），需要把 stuff 方法的代码中的 CHAIN_TYPE 改为 map_reduce，并传入对应文本。具体代码如下。

```
CHAIN_TYPE = "map_reduce"
```

输出结果如下。

这篇文章介绍了瑞士百达摄影奖在伦敦维多利亚与阿尔伯特博物馆举办的线下展览，英国摄影师西安•戴维的《花园》系列作品备受关注。这些照片记录了人们在花园中放松的场景，展现了英国花园挖掘人们内心故事的力量。文章还探讨了英国文豪们对花园的热爱，认为花园是他们感悟生活和创作灵感的来源。文章提到莎士比亚、托马斯•哈代、查尔斯•狄更斯、毕翠克丝•波特等作家，他们都在自己的花园中寻找创造力，并将花园视为心灵的庇护所和灵感来源。波特的丘顶农场成为公众开放的景点，由于该农场保留了她生前的花园布置，因此吸引了许多游客。

可以看到，大模型较好地完成了文章的总结任务。

3. refine 方法

如果想使用 refine 方法生成总结，只须将 CHAIN_TYPE 改为 refine，并传入对应文本即可。具体代码如下。

```
CHAIN_TYPE = "refine"
```

重新运行应用程序，可以得到如下输出结果。

这篇文章介绍了瑞士百达摄影奖在伦敦维多利亚与阿尔伯特博物馆举办的线下展览，英国摄影师西安•戴维的《花园》系列作品备受关注。这些照片记录了人们在花园中放松的场景，展现了英国花园挖掘人们内心故事的力量。文章还探讨了英国文豪们对花园的热爱，认为花园是他们感悟生活和创作灵感的来源。文章提到莎士比亚、托马斯•哈代、查尔斯•狄更斯、毕翠克丝•波特等作家，他们都在自己的花园中寻找创造力，并将花园视为心灵的庇护所和灵感来源。波特的丘顶农场成为公众开放的景点，由于该农场保留了她生前的花园布置，因此吸引了许多游客。

11.3.3　结合向量数据库实现问答

本节主要介绍 LangChain 结合向量数据库（Milvus 和 Chroma）搭建基于文本文件和 PDF 文件的简单项目。接下来介绍具体步骤。

1. LangChain 结合 Milvus

首先，通过如下代码导入相关类库，并设置 Milvus 的 host 名称和端口号（一般默认为 19530）。如果运行过程中遇到问题，可以尝试安装 2.4.1 版本的 pymilvus 库和 0.0.345 版本的 langchain 库。

```
import os
from langchain.embeddings.openai import OpenAIEmbeddings
from langchain.text_splitter import CharacterTextSplitter
from langchain.vectorstores import Milvus
from langchain.document_loaders import TextLoader
from langchain.chains.question_answering import load_qa_chain
from langchain.llms import OpenAI
os.environ["OPENAI_API_KEY"] = '读者申请的 OpenAI API Key'
```

```
MILVUS_HOST = "localhost"
MILVUS_PORT = "19530"
```

其次，使用 TextLoader()方法和 CharacterTextSplitter()方法对文本文件（摘自汪曾祺所著的《我的家乡》）进行加载和分块。此处每个块的大小设置为 1000，各个块之间不重叠。具体代码如下。

```
loader = TextLoader('读者的本地文本文件地址')
documents = loader.load()
text_splitter = CharacterTextSplitter(chunk_size = 1000, chunk_overlap = 0)
docs = text_splitter.split_documents(documents)
```

接下来运行 Docker，开启 Milvus。该服务在 19530 端口运行。

通过 OpenAI 公司提供的 Embedding 工具向 from_documents()方法传入分块的文档、Embedding 工具、向量数据库连接参数。具体代码如下。

```
embeddings = OpenAIEmbeddings()
milvus_db = Milvus.from_documents(
    docs,
    embedding = embeddings,
    connection_args = {"host": MILVUS_HOST, "port": MILVUS_PORT}
)
```

然后，设置提问内容，并在数据库中进行相似度计算。具体代码如下。

```
query = "作者对运河堤的描述是什么？"
smi_docs = milvus_db.similarity_search(query)
```

调用 OpenAI 接口提供的 llm，传入问题以及刚刚进行相似度计算得到的输出结果，最终得到输出结果。具体代码如下。

```
llm = OpenAI(temperature = 0)
chain = load_qa_chain(llm, chain_type = "stuff")
print(chain.run(input_documents = smi_docs, question = query))
```

2. LangChain 结合 Chroma

首先，通过如下代码导入相关类库，并安装 pypdf 库。

```
import os
import langchain
from langchain.document_loaders import PyPDFLoader
from langchain.embeddings import OpenAIEmbeddings
from langchain.vectorstores import Chroma
from langchain.chains import ChatVectorDBChain
from langchain.llms import OpenAI
os.environ["OPENAI_API_KEY"] = '读者申请的 OpenAI API Key'
```

其次，通过如下代码载入文件，并对文件进行切分。这里使用的文本数据为"Learning and Verification of Task Structure in Instructional Videos" 论文的 PDF 文件。

输出结果如下。

[Document(page_content = '问题：给定一个英文句子，翻译成中文。I love to learn new things every day 回答：我每天喜欢学习新事物。'…, metadata = {'source': 'data/data.txt'})]

下面对文件进行切分，并输出切分后的片段数、第一个片段。具体代码如下。

```
from langchain.text_splitter import CharacterTextSplitter
text_splitter = CharacterTextSplitter(chunk_size = 10, chunk_overlap = 0)
texts = text_splitter.split_documents(docs)
print('切分后的片段数:', len(texts))
print('第一个片段:', texts[0])
```

输出结果如下。

切分后的片段数：31

第一个片段：page_content = '问题：给定一个英文句子，翻译成中文。I love to learn new things every day 回答：我每天喜欢学习新事物。' metadata = {'source': 'data/data.txt'}

生成词向量是本项目的重中之重，它也是后续进行检索时进行相似度计算的基础数据。此处我们选用 LLaMA 模型的 Embedding 工具。具体代码如下。

```
from langchain.embeddings import LlamaCppEmbeddings
embeddings = LlamaCppEmbeddings(model_path = '读者的本地 llama-7b.ggmlv3.q4_0.bin 文件地址')
```

通过如下代码将 texts 中的每条内容存入列表。

```
_texts = []
for i in range(len(texts)):
    _texts.append(texts[i].page_content)
print(_texts[0])
```

输出结果如下。

问题：给定一个英文句子，翻译成中文。I love to learn new things every day
回答：我每天喜欢学习新事物。

调用 embed_documents()方法，将_texts 列表中的文本转化为向量，并输出维度信息。具体代码如下。

```
embedded_texts = embeddings.embed_documents(_texts)
print('embedded_texts 的数据个数', len(embedded_texts))
print('第一个数据的长度', len(embedded_texts[0]))
print('第一个数据的前 4 个', embedded_texts[0][:4])
```

输出结果如下。

embedded_texts 的数据个数： 31
第一个数据的长度： 4096

第一个数据的前 4 个： [1.7418981790542603, -0.20683786273002625, 1.059288740158081,
2.298410654067993]

同时，也可以对用户的提问进行 Embedding 处理。具体代码如下。

```
query = "随机生成一道数学题并求解。"
embedding_query = embeddings.embed_query(query)
print('问题的长度:', len(embedding_query))
print('问题的前 4 个数据:', embedding_query[:4])
```

输出结果如下。

问题的长度： 4096
问题的前 4 个数据： [-0.0185221116989851, -0.2283816933631897, 0.3613286316394806,
0.8598055243492126]

11.4.5　创建向量数据库

此处，我们选择 Chroma 向量数据库。Chroma 提供了两种相似度搜索方法。第一种方法
是通过文本进行搜索。具体代码如下。

```
from langchain.vectorstores import Chroma
db = Chroma.from_texts(_texts, embeddings)
query = "给出下面两个词的反义词。上升、进步。"
result = db.similarity_search(query, k = 1)
print(result)
```

输出结果如下。

文字相似度匹配: [Document(page_content = '问题：给出下面两个词的反义词。上升、进步。回答：下降、
退步。', metadata = {})]

第二种方法是先将问题转化为向量，再通过向量进行相似度搜索。具体代码如下。

```
query = "给出下面两个词的反义词。上升、进步。"
query_vector = embeddings.embed_query(query)
result = db.similarity_search_by_vector(query_vector, k = 1)
print(result)
```

输出结果如下。

文字相似度匹配: [Document(page_content = '问题：给出下面两个词的反义词。上升、进步。回答：下降、
退步。', metadata = {})]

至此，我们已经完成基础技术的铺垫。接下来将检索到的信息作为上下文传递给模型。
具体代码如下。

```
from langchain.chains import LLMChain
from langchain.prompts import PromptTemplate
template = """使用如下信息作为背景知识，回答下述问题。
```

```
信息:{context}
问题:{question}
回答:"""
prompt = PromptTemplate.from_template(template)
query = "在家工作有什么技巧和策略吗？"
similar_doc = db.similarity_search(query, k = 1)
context = similar_doc[0].page_content
query_llm = LLMChain(llm = llm, prompt = prompt)
response = query_llm.run({"context": context, "question": query})
print(response)
```

输出结果如下。

创建一个专用的工作空间：重要的是要有一个指定的工作区域，并与生活空间分开。这有助于在工作和个人生活之间保持清晰的界限。

建立一个日常生活习惯：制订一个日常计划或建立良好的日常生活习惯，可以帮助你保持高效和专注。

提高注意力和集中度：使用一些技巧，这可以帮助你保持专注，避免分心。

明智地使用技术：虽然电子设备对远程工作很有用，但正确使用它们很重要。

与团队有效沟通：在远程工作时，沟通至关重要。选择合适的协作工具，如视频会议等，可以帮助团队保持联系。

可以看到，LLaMA 模型对于中文任务的处理能力较差，输出结果不通顺，可以使用开源的中文 Chinese-LLaMA-2-7B 等模型替换本节使用的 LLaMA 模型。为了使读者能以最低的硬件成本运行大模型，这里选择了参数量最低、GGML 版本的 LLaMA-7B 模型。

11.4.6　构建问答系统

本节将基于 Streamlit 讲述如何构建一个自由度更高的问答系统。它可以基于用户上传的文档实现知识问答。为了避免潜在的文件名称错误或内存不足警告，我们将上传的文件统一命名为 raw.txt，并将其写入临时目录（temp 目录）中。首先，通过如下代码导入相关类库。

```
import streamlit as st
from langchain.llms import LlamaCpp
from langchain.embeddings import LlamaCppEmbeddings
from langchain.prompts import PromptTemplate
from langchain.chains import LLMChain
from langchain.document_loaders import TextLoader
from langchain.text_splitter import CharacterTextSplitter
from langchain.vectorstores import Chroma
```

其次，设置由 Streamlit 构建的网页的基本内容，包括标题名称、背景图片等。具体代码如下。

```
st.set_page_config(page_title = "ChatBot", page_icon = " ", layout = "wide", )
```

通过如下代码定义 write_text_file()方法，用于向文件中写入数据。

```
def write_text_file(content, file_path):
    try:
```

```
        with open(file_path, 'w') as file:
            file.write(content)
        return True
    except Exception as e:
        print(f"Error occurred while writing the file: {e}")
        return False
```

接下来设置提示词模板，其中，context 为向量数据库比对结果，question 为用户提问内容。具体代码如下。

```
prompt_template = """将如下信息作为背景知识，回答下述问题。
信息: {context}
问题: {question}
回答:"""
prompt = PromptTemplate(template = prompt_template, input_variables = ["context",
"question"])
```

然后，通过如下代码初始化模型和 Embedding 工具。

```
llm = LlamaCpp(model_path = "读者的本地 llama-7b.ggmlv3.q4_0.bin 文件地址")
embeddings = LlamaCppEmbeddings(model_path = "读者的本地 llama-7b.ggmlv3.q4_0.bin 文件地址")
llm_chain = LLMChain(llm = llm, prompt = prompt)
```

接下来通过 title()方法设置标题，并通过 file_uploader()方法获取上传文件的内容。随后，通过 split_documents()方法对文档进行切分，并将切分的块存储到向量数据库中。具体代码如下。

```
st.title("基于文档的问答系统")
uploaded_file = st.file_uploader("Upload an article", type = "txt")
if uploaded_file is not None:
    content = uploaded_file.read().decode('utf-8')
    file_path = "temp/file.txt"
    write_text_file(content, file_path)
    loader = TextLoader(file_path)
    docs = loader.load()
    text_splitter = CharacterTextSplitter(chunk_size = 10, chunk_overlap = 0)
    texts = text_splitter.split_documents(docs)
    db = Chroma.from_documents(texts, embeddings)
    st.success("File Loaded Successfully!!")
    question = st.text_input("根据文档内容向模型提问", placeholder = "向模型提问一些在文
档中有相似内容的问题", disabled = not uploaded_file,)
    if question:
        similar_doc = db.similarity_search(question, k = 1)
        context = similar_doc[0].page_content
        query_llm = LLMChain(llm = llm, prompt = prompt)
        response = query_llm.run({"context": context, "question": question})
        st.write(response)
```

通过查看运行结果可以发现 LLaMA 模型回复中文问题的结果中存在语句不通顺的问题。

如果改为通过英文语料（见本书配套资料），使用英文向模型进行询问，通过查看结果，

可以发现，模型对英文提问的响应更好，并且输出结果更加通顺。

11.5　小结

本节主要介绍了 LangChain 的相关实战项目，内容涉及由基础的组件概述到 3 个实战入门项目讲解，并通过构建基于私域数据的问答系统，对之前所学的知识进行系统性实战。通过学习本章内容，读者可以掌握 LangChain 的基本使用方法，并亲手实践"LangChain+大模型+向量数据库"这一重要的开发范式。

11.6　课后习题

（1）列举 LangChain 提供的 Memory 类型，并简述其作用。

（2）简述 SequentialChain 适合于哪些应用程序以及它主要包含哪些类。

（3）LangChain 提供的 Agent 工具主要包括哪些类型？

（4）简述 OpenAI 接口和 ChatOpenAI 接口的区别。

（5）简述 LangChain 提供的文本分割方式，并概括具体做法。

第 12 章

常用开源模型的部署与微调

本章主要介绍常用开源模型的部署与微调方法，向读者提供针对不同任务的全流程微调讲解。

大模型的价值主要体现在实践与应用方面。我们需要将更多的人才、力量、资源投入大模型在各个垂直领域、各种场景的应用当中，通过实践来掌握大模型技术，只有了解它的能力边界与性能边界，才能结合实际痛点进行有价值的创新，服务于人们的生产和生活。

只掌握了大模型技术并不是全部，还要能使用大模型技术解决问题。读者需要深入了解社会需求、使用者需求，学以致用，唯有在脑海中有了具体的场景，才能快速、深刻地掌握技术应用。

读者可以以本书的内容为大模型学习的起点，参加毕业设计、大学生创业项目、大模型比赛、学校科研团队的实战项目等，通过实践进行学习并检验学习效果以及找到未来的发展方向。

12.1 ChatGLM3 模型部署与微调

本节主要介绍通过中文小学数学教育指令微调数据集以 ChatGLM3-6B 模型为例进行 QLoRA 微调的过程。ChatGLM3-6B 模型由智谱 AI 和清华大学 KEG 实验室联合发布。该模型采用全新设计的 Prompt 格式，支持工具调用、代码执行和 Agent 任务等复杂场景，而且所有权重对学术研究完全开放，并允许免费商用。

12.1.1 环境准备

本次使用的是未经量化的 ChatGLM3-6B 模型（如果硬件资源有限，可以仅在 CPU 上进行推理，但处理速度较慢）。微调该模型所需的最低硬件资源配置如表 12-1 所示。

表 12-1 最低硬件资源配置

名称	详情
显存	16GB
CPU 核心数	14 核
内存	16GB
硬盘	30GB

在进行模型部署时，可以选择在线加载模型权重。如果网络条件有限，也可以在 Hugging Face 网站上搜索 ChatGLM3-6B，下载模型权重，并从本地加载模型。本节介绍的案例实践选择从本地加载模型。

本次实验所用的操作系统为 Linux，程序运行环境是 Jupyter Notebook。通过如下代码克隆 ChatGLM3-6B 代码仓库中的全部内容。

```
git clone GitHub 网站中 ChatGLM3-6B.git 的 URL 地址
```

另外，也可以使用 wget 工具，通过如下代码下载 ChatGLM3-6B 压缩包，并通过 unzip 命令进行解压。

```
wget GitHub 网站中 ChatGLM3-6B-main.zip 的 URL 地址
unzip main.zip
```

其次，在 ChatGLM3-6B 目录中新建 model 目录，将下载的模型权重放入该目录中，如图 12-1 所示。

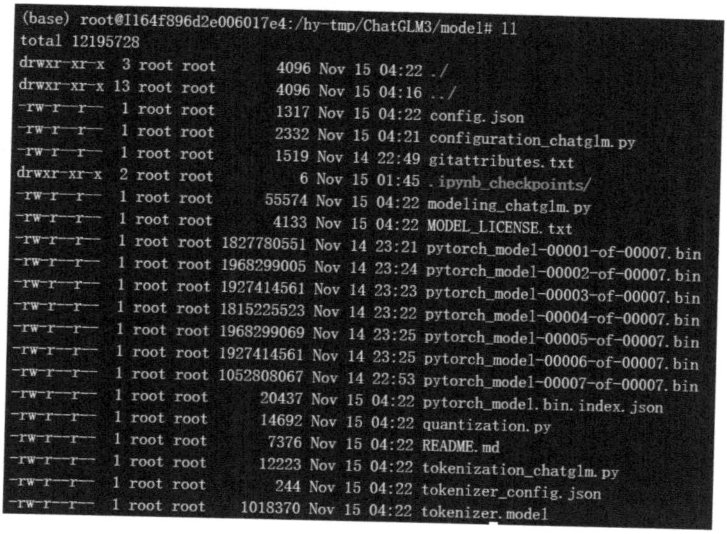

图 12-1 将下载的模型权重放入 model 目录中

由于在进行微调时需要使用最新的 PEFT 库，而不能直接通过 pip install 命令进行安装，因此需要从 GitHub 网站拉取相关代码，并通过如下代码进行安装。最后，安装最重要的模型训练库 Torchkeras、量化库 Bitsandbytes 和 Huggingface_hub 库。

```
git clone GitHub 网站中 peft.git 的 URL 地址
cd peft/
python setup.py install
pip install torchkeras
pip install bitsandbytes
pip install huggingface_hub
```

接下来通过如下代码创建 data 目录。然后将中文小学数学教育指令微调数据集上传到 data 目录中。

```
mkdir data
```

在 ChatGLM3-6B 目录中通过如下代码安装相关类库。

```
pip install -r requirements.txt
```

12.1.2　载入模型

下面介绍部署 ChatGLM3-6B 模型的相关操作。首先，检测 CUDA 是否配置正确，并导入相关类库，然后，查看显卡相关信息。具体代码如下。

```
import torch
torch.cuda.is_available()
!nvidia-smi
```

显卡状态信息如图 12-2 所示。

```
Thu Jul 20 06:04:52 2023
+-----------------------------------------------------------------------------+
| NVIDIA-SMI 530.30.02        Driver Version: 530.30.02      CUDA Version: 12.1 |
|-------------------------------+----------------------+----------------------+
| GPU  Name        Persistence-M| Bus-Id        Disp.A | Volatile Uncorr. ECC |
| Fan  Temp  Perf  Pwr:Usage/Cap|         Memory-Usage | GPU-Util  Compute M. |
|                               |                      |               MIG M. |
|===============================+======================+======================|
|   0  NVIDIA GeForce RTX 3090  On | 00000000:21:00.0 Off |                  N/A |
| 0%   43C    P8       33W / 350W|      3MiB / 24576MiB |      0%      Default |
|                               |                      |                  N/A |
+-------------------------------+----------------------+----------------------+

+-----------------------------------------------------------------------------+
| Processes:                                                                  |
|  GPU   GI   CI        PID   Type   Process name                  GPU Memory |
|        ID   ID                                                   Usage      |
|=============================================================================|
|  No running processes found                                                 |
+-----------------------------------------------------------------------------+
```

图 12-2　显卡状态信息

接下来导入相关库，并从 model 目录中加载模型。此处选择 QLoRA 算法引入的 NF4 量化类型来加载模型。具体代码如下。

```
import numpy as np
import pandas as pd
import torch
from torch import nn
from torch.utils.data import Dataset,DataLoader
import warnings
warnings.filterwarnings('ignore')
from transformers import AutoTokenizer,AutoConfig, AutoModel, BitsAndBytesConfig
model_name_or_path = 'model'
bnb_config = BitsAndBytesConfig(
                load_in_4bit = True,
                bnb_4bit_compute_dtype = torch.float16,
                bnb_4bit_use_double_quant = True,
                bnb_4bit_quant_type = "nf4",
                llm_int8_threshold = 6.0,
                llm_int8_has_fp16_weight = False,
            )
tokenizer = AutoTokenizer.from_pretrained(
    model_name_or_path, trust_remote_code = True)
model = AutoModel.from_pretrained(model_name_or_path,
                quantization_config = bnb_config,
                trust_remote_code = True)
```

接下来使用 ChatGLM3-6B 模型提供的对话接口进行对话测试，测试内容为"澳大利亚的首都在哪里？"。具体代码如下。

```
response,history = model.chat(tokenizer,query = '澳大利亚的首都在哪里？',history = [])
print(response)
```

输出结果如下。

澳大利亚的首都是堪培拉（Canberra）。

向 ChatGLM3-6B 模型输入关于小学数学方面的提问，并设置相关场景，代码及模型回复如下。

```
response,history = model.chat(tokenizer,query = '你现在是一名小学数学老师，需要对学生提出
的问题进行回答。有一位同学向你询问下述内容。小明有 7 个橙子，他想平均分给他的 3 个朋友。每个朋友能分到几个
橙子？',history = [])
print(response)
```

输出结果如下。

每个朋友能分到 2 个橙子。

解释如下：小明有 7 个橙子。小明想平均分给他的 3 个朋友。因此，每个朋友应该得到 7 个橙子/3 个朋友=7/3=2
余 1 个橙子。由于小明想平均分给他的 3 个朋友，因此每个朋友应该得到 2 个橙子（余数 1 个橙子，可以平均分给 3 个
朋友，每个朋友得到 2 个橙子）。

虽然模型正确地回答了用户提出的问题，但回复内容较为生硬，不是以小学教师的身份对学生的问题进行解答，所以该模型还有较大的改善空间。我们将就这一问题对模型进行微调，使其回答更符合一位老师的身份。

12.1.3 数据准备

如图 12-3 所示，原始的中文小学数学教育指令微调数据集包含较多的换行符，并且格式凌乱，可以使用如下代码对数据进行处理。

```
f = open('读者的本地数据集文件地址', encoding='UTF-8')
results = f.readlines()
# prompt 和 response 分离
lines = []
data_prompt = [] data_response = []
print(len(results))
for i in range(0,len(results)):
  if results[i] == '\n':
     continue;
  else:
     lines.append(results[i])
for i in range(0,len(lines)):
if i % 2 == 0:
        context = '你现在是一名小学数学老师，需要对学生提出的问题进行回答。有一位同学向你询问下述内容。'
        data_prompt.append( context + lines[i])
     else:
        data_response.append(lines[i])
```

题目：小明每天早上花费10分钟时间走到学校，如果小明家距离学校2公里，那么他每分钟走多少米？
回答：这是一个关于速度、路程、时间的数学问题。我们可以通过公式：速度 = 路程÷时间 来解决。\n因为小明每天早上走2公里，所以他的路程为2千米。而他每天早上要花费10

题目：今天小明骑自行车从家到学校用了20分钟，回家用了25分钟。如果小明在上学和回家的路上的速度一样，那么他从家到学校的距离是学校到家的距离的百分之几？
回答：\n假设小明家到学校的距离为x千米，根据速度等于路程除以时间的公式，可以得出小明的速度为：家到学校的速度 = x / 20，学校到家的速度 = x / 25。因为小明在上学和

题目：小鹿妈妈买了24个苹果，她想平均分给她的3只小鹿吃，每只小鹿可以分到几个苹果？
回答：\n鹿妈妈买了24个苹果，平均分给3只小鹿吃，那么每只小鹿可以分到的苹果数就是总苹果数除以小鹿的只数。\n24÷3=8\n每只小鹿可以分到8个苹果。所以，答案是每只

题目：小明有 18 支铅笔和 24 张纸，他想将它们分成每份相同的组，每组既有铅笔又有纸，问他最少可以分几组，每组有多少支铅笔和多少张纸？
回答：\n我们可以将问题转化为求 18 和 24 的最大公约数，以得到可以被同时整除的最大数量。然后，我们可以将总数分成这个数量的组，并确保每组既有铅笔又有纸。\n首先，

题目：小明有 7 个橙子，他想平均分给他的 3 个朋友。每个朋友能分到几个橙子？
回答：\n小明手中有 7 个橙子，要平均分给 3 个朋友，我们可以用除法来解决这个问题。\nStep 1：将7个橙子（被除数）除以3（除数）：\n   7 ÷ 3 = 2……1\n   （能整除，

题目：以下是一道小学数学题： 小明有10元钱，他去买了3支笔和一本笔记本，笔每支2元，笔记本5元，问小明还剩下多少钱？
回答：首先计算小明买笔花了多少钱，3支笔每支2元，则3支笔一共花费3*2=6元。\n接着再计算小明买笔记本花了多少钱，因为笔记本花费5元，则小明花费5元。\n最后计算小明

题目：小华有 15 颗糖果，他想分给他的 5 个朋友，每个朋友要分到几颗糖果？
回答：\n小华有的糖果数是 15，他有 5 个朋友。我们可以用分组的思想来解决这个问题。\n首先，我们把 15 颗糖果平均分为 5 组：15 ÷ 5 = 3。\n这里的"÷"表示除法，即把

题目：小明一共有20个糖果，他想把这些糖果分给他的3个朋友。每个朋友至少能分到几个糖果？
回答：\n1. 先计算每个朋友能平均分到多少个糖果：20除以3 ≈ 6.67（保留两位小数）。\n2. 由于糖果的数量必须是整数，所以小明的朋友们不能每人分到6.67个糖果。考虑将平

题目：以下是一道小学数学题： 小明星期一到星期五每天都要骑自行车上学，每天骑的距离不一样，如下图所示。如果小明星期一到星期五骑自行车去学校一共骑了70公里，那么他
回答：设小明星期五骑的距离为x，则：\n12 + 8 + 10 + 15 + x = 70\n即：45 + x = 70\n则：x = 25\n所以，小明星期一到星期五分别骑了：\n星期一：12公里\n星期二：8公

图 12-3 原始的中文小学数学教育指令微调数据集

接下来通过如下代码输出分离的 data_prompt 列表的前 5 个数据。

```
print(data_prompt[:5])
```

输出结果如图 12-4 所示。

图 12-4 data_prompt 列表的前 5 个数据

通过如下代码输出分离的 data_response 列表的前 5 个数据。

```
print(data_response[:5])
```

输出结果如图 12-5 所示。

图 12-5 data_response 列表的前 5 个数据

通过如下代码输出两个列表的数据条数。

```
print(len(data_prompt))
print(len(data_response))
```

将数据写入列表。其中，每个元素都是字典类型（见图 12-6），并且清除每行字符串中的换行符。

```
data = []
for i in range(0,len(data_prompt)):
    item = {'prompt' : data_prompt[i].replace("\n", ""),'response':data_response
[i].replace("\n", "") .replace("\\n", "")}
    data.append(item)
```

图 12-6 数据已被处理为字典类型

通过如下代码将 data 列表转换为 DataFrame。

```
dfdata = pd.DataFrame(data)
display(dfdata)
```

输出结果如图 12-7 所示。

	prompt	response
0	你现在是一名小学数学老师，需要对学生提出的问题进行回答。有一位同学向你询问下述内容。　题目：	回答:这是一个关于速度、路程、时间的数学问题。我们可以通过公式：速度=路程÷时间 来解决。因...
1	你现在是一名小学数学老师，需要对学生提出的问题进行回答。有一位同学向你问问下述内容。　题目：	回答:假设小明家到学校的距离为x千米，根据速度等于路程除以时间的公式，可以得出小明的速度为： ...
2	你现在是一名小学数学老师，需要对学生提出的问题进行回答。有一位同学向你问问下述内容。　题目：	回答:鹿妈妈买了24个苹果，平均分给3只小鹿吃，那么每只小鹿可以分到的苹果数就是总苹果数除以...
3	你现在是一名小学数学老师，需要对学生提出的问题进行回答。有一位同学向你问问下述内容。　题目：	回答:我们可以将问题转化为求 18 和 24 的最大公约数，以得到可以被同时整除的最大数量。...
4	你现在是一名小学数学老师，需要对学生提出的问题进行回答。有一位同学向你询问下述内容。　小明...	回答:小明手中有 7 个橙子，要平均分给 3 个朋友，我们可以用除法来解决这个问题。Ste...
...	...	...
4043	你现在是一名小学数学老师，需要对学生提出的问题进行回答。有一位同学向你询问下述内容。　以下是...	回答:小明有5支铅笔，小红有3支铅笔，他们一共有多少支铅笔？我们可以先把小明和小红的铅笔数加...
4044	你现在是一名小学数学老师，需要对学生提出的问题进行回答。有一位同学向你询问下述内容。　题目：	回答:小明有5个橙子，他想要分给他的3个朋友，每个朋友能得到多少个橙子？首先，我们将小明有的...
4045	你现在是一名小学数学老师，需要对学生提出的问题进行回答。有一位同学向你询问下述内容。　以下是...	回答:小明可以打九折，也就是说他可以享受90%的折扣。因此，他最终需要支付的钱数为原价的90...
4046	你现在是一名小学数学老师，需要对学生提出的问题进行回答。有一位同学向你问问下述内容。　小明有...	回答:1. 首先我们要知道题目中给出的信息，小明有8支铅笔并送出3支。2. 找到可行的解题思...
4047	你现在是一名小学数学老师，需要对学生提出的问题进行回答。有一位同学向你询问下述内容。　题目：	回答:设每斤水果的价格为x元，则有：3x + 2x = 23化简得：5x = 23解出 x: x...

4048 rows × 2 columns

图 12-7　DataFrame 格式输出结果

将数据转换为 ID 序列。此处主要依赖于 ChatGLM3-6B 模型提供的分词器。具体代码如下。

```python
from torch.utils.data import Dataset,DataLoader
class MyDataset(Dataset):
    def __init__(self,df,tokenizer,
                prompt_col = 'prompt',
                response_col = 'response',
                history_col = 'history',
                max_context_length = 1024,
                max_target_length = 1024
                ):
        super().__init__()
        self.__dict__.update(locals())
    def __len__(self):
        return len(self.df)
    def get(self,index):
        data = dict(self.df.iloc[index])
        example = {}
        example['context'] = data[self.prompt_col]
        example['target'] = data[self.response_col]
        return example
    def __getitem__(self,index):

        example = self.get(index)
        a_ids = self.tokenizer.encode(text = example['context'],
                                add_special_tokens =True, truncation = True,
                                max_length = self.max_context_length)
```

```
        b_ids = self.tokenizer.encode(text = example['target'],
                                      add_special_tokens =False, truncation=True,
                                      max_length = self.max_target_length)
        input_ids = a_ids + b_ids + [tokenizer.eos_token_id]
        labels = [-100]*len(a_ids)+b_ids+[tokenizer.eos_token_id]
        return {'input_ids':input_ids,'labels':labels}
```

训练集和验证集设置为完全相同，并输出 ds_train[0]。具体代码如下。

```
ds_train = ds_val = MyDataset(dfdata,tokenizer)
print(ds_train[0])
```

输出结果如图 12-8 所示。


```
{'input_ids': [64790, 64792, 790, 30951, 517, 30910, 30939, 30996, 13, 13, 54761, 31211, 39345, 50457, 38628, 39814, 32718, 31123, 31
714, 44531, 54570, 36598, 37817, 31636, 33287, 31123, 41792, 32016, 46533, 35394, 54578, 55340, 31795, 31155, 35951, 32016, 54558, 55
058, 54742, 54918, 55398, 31514, 30932, 37736, 35951, 34542, 54614, 50476, 54556, 31737, 33575, 54099, 54727, 54742, 54918, 49780, 55
765, 31123, 48214, 35951, 31628, 55058, 54742, 54918, 55398, 31514, 13, 13, 55437, 31211, 30910, 35951, 34321, 31628, 42063, 54742, 5
4918, 54530, 31155, 54742, 54918, 54536, 55241, 40097, 31123, 55241, 33778, 33403, 31123, 31628, 33831, 34833, 33809, 31697, 32963, 3
1123, 32583, 54570, 49351, 31693, 38771, 37800, 32016, 54606, 35225, 32340, 32883, 31624, 31827, 31123, 31814, 33342, 42063, 54742, 5
4918, 54558, 35651, 54645, 32511, 34165, 31155, 32344, 54742, 54918, 31992, 52354, 54985, 55100, 31123, 32514, 48496, 33157, 31827, 3
1123, 32271, 34176, 31739, 31877, 31123, 45474, 55321, 55911, 36833, 31155, 32823, 33379, 31636, 32539, 31123, 35221, 31791, 32929, 3
4704, 32806, 31934, 31155, 2], 'labels': [-100, -100, -100, -100, -100, -100, -100, -100, -100, -100, -100, -100, -100, -100, -100, -
100, -100, -100, -100, -100, -100, -100, -100, -100, -100, -100, -100, -100, -100, -100, -100, -100, -100, -100, -100, -100, -100, -1
00, -100, -100, -100, -100, -100, -100, -100, -100, -100, -100, -100, -100, -100, -100, -100, -100, -100, -100, -100, -100, -100, -10
0, -100, -100, -100, -100, -100, -100, -100, -100, -100, -100, 30910, 35951, 34321, 31628, 42063, 54742, 54918, 54530, 31155, 54742,
54918, 54536, 55241, 40097, 31123, 55241, 33778, 33403, 31123, 31628, 33831, 34833, 33809, 31697, 32963, 31123, 32583, 54570, 49351,
31693, 38771, 37800, 32016, 54606, 35225, 32340, 32883, 31624, 31827, 31123, 31814, 33342, 42063, 54742, 54918, 54558, 35651, 54645,
32511, 34165, 31155, 32344, 54742, 54918, 31992, 52354, 54985, 55100, 31123, 32514, 48496, 33157, 31827, 31123, 32271, 34176, 31739,
31877, 31123, 45474, 55321, 55911, 36833, 31155, 32823, 33379, 31636, 32539, 31123, 35221, 31791, 32929, 34704, 32806, 31934, 31155,
2]}
```


图 12-8 输出结果

接下来创建数据整合器（Collator）。首先从 transformers 库导入 DataCollatorForSeq2Seq，它是一个用于序列到序列（Seq2Seq）任务的数据整合器。具体代码如下。

```
from transformers import DataCollatorForSeq2Seq
```

随后创建 DataCollatorForSeq2Seq 对象。具体代码如下。

```
data_collator = DataCollatorForSeq2Seq(
tokenizer, model = None, label_pad_token_id = -100,
pad_to_multiple_of = None, padding = True
)
```

使用 DataLoader 从 PyTorch 中创建训练和验证数据加载器。这些加载器负责按批次提供数据。随后，开始迭代训练数据加载器 dl_train 中的批次。但是，由于存在 break 语句，因此它只会获取并处理第 1 个批次，然后退出循环。这通常用于测试或调试目的，以确保数据加载和整合按预期工作。

```
dl_train = DataLoader(ds_train,batch_size = 4, num_workers = 2,shuffle = True,
                      collate_fn = data_collator)
dl_val = DataLoader(ds_val,batch_size = 4, num_workers = 2,shuffle = False,
                    collate_fn = data_collator)
```

```
for batch in dl_train:
    break
```

通过如下代码输出 batch.keys()和 batch['input_ids']的形状以及 dl_train 的长度。

```
batch.keys()
batch['input_ids'].shape
print(len(dl_train))
```

12.1.4　定义模型

本节主要介绍模型的定义，通过 find_all_linear_names()方法找到所有的全连接层，为所有的全连接层添加低秩适配器（Adapter），并通过 QLoRA 方法进行训练。具体代码如下。

```
from peft import get_peft_config, get_peft_model, TaskType
model.supports_gradient_checkpointing = True
model.gradient_checkpointing_enable()
model.enable_input_require_grads()
model.config.use_cache = False
from peft import prepare_model_for_kbit_training
model = prepare_model_for_kbit_training(model)
import bitsandbytes as bnb
def find_all_linear_names(model):
    """
    找出所有的全连接层，并为所有全连接层添加低秩 Adapter
    """
    cls = bnb.nn.Linear4bit
    lora_module_names = set()
    for name, module in model.named_modules():
        if isinstance(module, cls):
            names = name.split('.')
            lora_module_names.add(names[0] if len(names) == 1 else names[-1])
    if 'lm_head' in lora_module_names:
        lora_module_names.remove('lm_head')
    return list(lora_module_names)
lora_modules = find_all_linear_names(model)
print(lora_modules)
```

通过如下代码计算模型的可训练参数。

```
from peft import LoraConfig
peft_config = LoraConfig(
    task_type = TaskType.CAUSAL_LM, inference_mode = False,
    r = 8,
    lora_alpha = 32,
    lora_dropout = 0.1,
    target_modules = lora_modules
```

```
)
peft_model = get_peft_model(model, peft_config)
peft_model.is_parallelizable = True
peft_model.model_parallel = True
peft_model.print_trainable_parameters()
```

输出结果如下。

```
trainable params: 14,823,424 || all params: 6,258,407,424 || trainable%:
0.23685616796302714
```

因为 QLoRA 算法矩阵 B 的初始权重为 0，所以训练前 peft_model 的输出等价于预训练模型 model 的输出。具体代码如下。

```
for name,para in peft_model.named_parameters():
    if '.1.' in name:
        break
    if 'lora' in name.lower():
        print(name+':')
        print('shape = ',list(para.shape),'\t','sum = ',para.sum().item())
        print('\n')
peft_model.train();
out = peft_model(**batch)
```

输出结果如图 12-9 所示。

```
base_model.model.transformer.encoder.layers.0.self_attention.query_key_value.lora_A.default.weight:
shape = [8, 4096]        sum = -0.4497975707054138


base_model.model.transformer.encoder.layers.0.self_attention.query_key_value.lora_B.default.weight:
shape = [4608, 8]        sum = 0.0


base_model.model.transformer.encoder.layers.0.self_attention.dense.lora_A.default.weight:
shape = [8, 4096]        sum = 0.3078227937221527


base_model.model.transformer.encoder.layers.0.self_attention.dense.lora_B.default.weight:
shape = [4096, 8]        sum = 0.0


base_model.model.transformer.encoder.layers.0.mlp.dense_h_to_4h.lora_A.default.weight:
shape = [8, 4096]        sum = 0.46383577585220337


base_model.model.transformer.encoder.layers.0.mlp.dense_h_to_4h.lora_B.default.weight:
shape = [27392, 8]        sum = 0.0


base_model.model.transformer.encoder.layers.0.mlp.dense_4h_to_h.lora_A.default.weight:
shape = [8, 13696]        sum = -1.5161643028259277


base_model.model.transformer.encoder.layers.0.mlp.dense_4h_to_h.lora_B.default.weight:
shape = [4096, 8]        sum = 0.0
```

图 12-9 输出结果

12.1.5　模型训练

下面进行模型训练。此处主要通过 torchkeras 库进行训练，并改写 save_ckpt()和 load_ckpt()方法，仅仅保存与 LoRA 算法相关的可训练参数。具体代码如下。

```python
from torchkeras import KerasModel
from accelerate import Accelerator
class StepRunner:
    def __init__(self, net, loss_fn, accelerator = None, stage = "train", metrics_dict = None, optimizer = None, lr_scheduler = None ):
        self.net,self.loss_fn,self.metrics_dict,self.stage = net,loss_fn,metrics_dict,stage
        self.optimizer,self.lr_scheduler = optimizer,lr_scheduler
        self.accelerator = accelerator if accelerator is not None else Accelerator()
        if self.stage == 'train':
            self.net.train()
        else:
            self.net.eval()
    def __call__(self, batch):
        #损失
        with self.accelerator.autocast():
            loss = self.net(**batch).loss
        #backward()
        if self.optimizer is not None and self.stage == "train":
            self.accelerator.backward(loss)
            if self.accelerator.sync_gradients:
                self.accelerator.clip_grad_norm_(self.net.parameters(), 1.0)
            self.optimizer.step()
            if self.lr_scheduler is not None:
                self.lr_scheduler.step()
            self.optimizer.zero_grad()
        all_loss = self.accelerator.gather(loss).sum()
        #损失（或者是可以平均的简单指标）
        step_losses = {self.stage+"_loss":all_loss.item()}
        #指标（有状态的指标）
        step_metrics = {}
        if self.stage == "train":
            if self.optimizer is not None:
                step_metrics['lr'] = self.optimizer.state_dict()['param_groups'][0]['lr']
            else:
                step_metrics['lr'] = 0.0
        return step_losses,step_metrics
KerasModel.StepRunner = StepRunner
#仅仅保存与 LoRA 算法相关的可训练参数
def save_ckpt(self, ckpt_path = 'checkpoint', accelerator = None):
```

```
    unwrap_net = accelerator.unwrap_model(self.net)
    unwrap_net.save_pretrained(ckpt_path)
def load_ckpt(self, ckpt_path = 'checkpoint'):
    self.net = self.net.from_pretrained(self.net.base_model.model,ckpt_path)
    self.from_scratch = False
KerasModel.save_ckpt = save_ckpt
KerasModel.load_ckpt = load_ckpt
```

在上述代码中，设置 is_paged=True，即使用 Paged Optimizer，这样可以减少训练过程中 CUDA 内存溢出的风险，并将模型保存在 chatglm3_qlora 目录中。具体代码如下。

```
optimizer = bnb.optim.adamw.AdamW(peft_model.parameters(),
                                  lr = 5e-05,is_paged = True)
keras_model = KerasModel(peft_model,loss_fn = None, optimizer = optimizer)
ckpt_path = 'chatglm3_qlora'
```

最后，设置训练相关参数，并开始训练。具体代码如下。

```
dfhistory = keras_model.fit(train_data = dl_train,
                val_data = dl_val,
                epochs = 30,
                patience = 4,
                monitor = 'val_loss',
                mode = 'min',
                ckpt_path = ckpt_path,
                gradient_accumulation_steps = 2
                )
```

输出结果如图 12-10 所示，其中，横轴代表训练的轮次，纵轴代表损失函数值，可以看出该值持续减小。

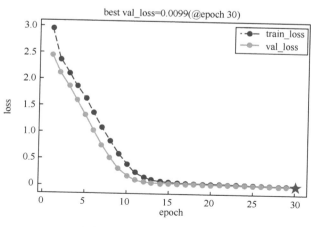

图 12-10 训练的输出结果

12.1.6　保存模型

在完成模型训练后，可以重启内核，防止加载模型时导致显存溢出。使用与 12.1.2 节相同的方法载入模型。具体代码如下。

```
import torch
import warnings
import numpy as np
import pandas as pd
from torch import nn
from torch.utils.data import Dataset,DataLoader
from transformers import AutoTokenizer, AutoModel
warnings.filterwarnings('ignore')
print(torch.cuda.is_available())
model_name_or_path = "model"
tokenizer = AutoTokenizer.from_pretrained(model_name_or_path,
                                          trust_remote_code = True)
model = AutoModel.from_pretrained(model_name_or_path,
                                  trust_remote_code = True)
```

接下来对前面微调得到的权重和原模型的权重进行合并，并将微调后的模型权重和分词器存储在 chatglm3-6b-test 目录中。此处设置了分片存储，每个片的大小为 2GB。具体代码如下。

```
from peft import PeftModel
ckpt_path = 'chatglm3_qlora/'
peft_loaded = PeftModel.from_pretrained(model,ckpt_path)
model_new = peft_loaded.merge_and_unload()
save_path = "chatglm3-6b-test"
model_new.save_pretrained(save_path, max_shard_size = '2GB')
tokenizer.save_pretrained(save_path)
```

最后，通过如下代码将原模型路径中的 Python 文件也保存到新的模型权重目录中。

```
GIT_LFS_SKIP_SMUDGE = 1 git clone Hugging Face 网站中 chatglm3-6b 的 URL 地址
cp  chatglm3-6b/*.py {save_path}
```

12.1.7　模型评估

从新的模型权重目录中导入模型（这里设新目录为 chatglm3-6b-test）。具体代码如下。

```
import numpy as np
import pandas as pd
import torch
from torch import nn
from torch.utils.data import Dataset,DataLoader
import warnings
warnings.filterwarnings('ignore')
from transformers import AutoTokenizer,AutoConfig, AutoModel, BitsAndBytesConfig
model_name_or_path = 'chatglm3-6b-test'
config = AutoConfig.from_pretrained(model_name_or_path, trust_remote_code = True)
```

```
bnb_config = BitsAndBytesConfig(
            load_in_4bit = True,
            bnb_4bit_compute_dtype = torch.float16,
            bnb_4bit_use_double_quant = True,
            bnb_4bit_quant_type = "nf4",
            llm_int8_threshold = 6.0,
            llm_int8_has_fp16_weight = False,
        )
tokenizer = AutoTokenizer.from_pretrained('model' , trust_remote_code = True)
model = AutoModel.from_pretrained(model_name_or_path,
                        config = config,
                        quantization_config = bnb_config,
                        trust_remote_code = True)
```

接下来对微调后的模型进行测试。向模型提问小学数学问题。具体代码如下。

```
response,history = model.chat(tokenizer,query = '你现在是一名小学数学老师，需要对学生提出
的问题进行回答。有一位同学向你询问下述内容。题目：小明每天早上花费 20 分钟时间走到学校，如果小明家距离学
校 6000 米，那么他每分钟走多少米？',history = [])
print(response)
```

输出结果如下。

这是一个关于速度、路程、时间的数学问题。我们可以通过公式：速度＝路程÷时间 来解决。
因为小明每天早上走 6000 米，所以他的路程为 6000 米。而他每天早上要花费 20 分钟时间走到学校，因此他的
时间为 20 分钟，即 1200 秒。所以小明每分钟走的距离为 6000 米/1200 秒=5 米/秒。
答案：小明每分钟走 300 米。

可以看到，与原模型相比，微调后的模型对于相同问题有了更加细致、有条理的答案输出。

12.2 Baichuan2 模型部署与微调

本节主要以具有 130 亿参数规模的 Baichuan2-13B-Chat 模型为例进行介绍。此处选择的微调任务为实体命名类任务。

12.2.1 环境准备

本节介绍如何对未经量化处理的 Baichuan2-13B-Chat 模型（模型文件大小约为 27GB）进行微调。本次微调所需的最低硬件资源配置如表 12-2 所示。

表 12-2 最低硬件资源配置

名称	详情
显存	24GB
CPU 核心数	14 核
内存	16GB
硬盘	60GB

12.2.2 载入模型

1. 载入相关模型

首先，从 Hugging Face 网站下载 Baichuan2-13B-Chat 的模型权重，然后将所有文件放入 model 文件夹中。接下来通过如下代码安装指定版本的依赖库。

```
pip install torchkeras == 3.9.4
pip install peft == 0.5.0
pip install transformers == 4.33.1
pip install bitsandbytes == 0.39.1
```

由于 Baichuan2-13B-Chat 模型较大，因此这里选择 QLoRA 算法引入的 NF4 量化数据类型来加载模型以节约显存。

```
import warnings
warnings.filterwarnings('ignore')
import torch
from transformers import AutoTokenizer, AutoModelForCausalLM, AutoConfig, AutoModel,
BitsAndBytesConfig
from transformers.generation.utils import GenerationConfig
import torch.nn as nn
model_name_or_path = 'model'
bnb_config = BitsAndBytesConfig(load_in_4bit = True,
                                bnb_4bit_compute_dtype = torch.float16,
                                bnb_4bit_use_double_quant = True,
                                bnb_4bit_quant_type = "nf4",
                                llm_int8_threshold = 6.0,
                                llm_int8_has_fp16_weight = False,)
tokenizer = AutoTokenizer.from_pretrained(model_name_or_path, trust_remote_code = True)

model = AutoModelForCausalLM.from_pretrained(model_name_or_path,
                                             quantization_config = bnb_config,
                                             trust_remote_code = True)

model.generation_config = GenerationConfig.from_pretrained(model_name_or_path)
```

2. 测试未经过微调的模型的生成能力

IPython 是一个基于 Python 语言的交互式 Shell。它的功能比默认的 Python Shell 功能更加强大，支持变量自动补全、自动缩进和 bash shell 命令，而且内置了多种实用的功能和函数。

此处主要使用 IPython.display 库。display()方法可以接收一个或多个参数，其中每个参数都是一个 Python 对象。display()方法会自动根据对象的类型选择合适的显示方式，并在 Jupyter Notebook 中显示。而 clear_output()方法的主要作用是清空输出内容。具体代码如下。

```
from IPython.display import clear_output
messages = []
messages.append({"role": "user",
                 "content": "最近想了解足球知识，请问守门员可以去罚点球吗？"})
response = model.chat(tokenizer,messages = messages,stream = True)
for res in response:
    print(res)
    clear_output(wait = True)
```

模型输出结果如下。

是的，守门员可以去罚点球。实际上，守门员是球队中罚点球的主要球员之一。虽然他们的主要职责是防守和保持球门安全，但在关键时刻，他们也可以成为球队的得分利器。许多守门员具备出色的射门技巧，可以在罚球区外准确传球和组织进攻。

然而，守门员在罚点球时可能会面临一些争议，因为他们在比赛中主要负责防守，而不是直接参与进攻。尽管如此，许多教练仍然愿意让守门员参与罚点球，因为他们相信守门员的射门技巧和经验可以帮助球队取得胜利。

接下来设计小样本提示词，用于测试 Baichuan2-13B-Chat 的命名实体抽取能力。其中，get_prompt()方法可用于为每个提示词增加前缀；get_message()方法用于构造小样本提示词。具体代码如下。

```
prefix = '''命名实体识别：抽取文本中的人称、时间、地点这三类命名实体，并按照 JSON 格式返回结果。
下面是一些范例：
去年夏天，小明和他的家人去海南度假。 -> {"人称": ["小明"], "时间": ["去年夏天"], "地点": ["海南"]}
张伟对历史很感兴趣，上个月他去西安参观兵马俑。 -> {"人称": ["张伟"], "时间": ["上个月"], "地点":
["西安", "兵马俑"]}
请对下述文本进行实体抽取，并返回 JSON 格式的结果。
'''
def get_prompt(text):
return prefix+text+' -> '
def get_message(prompt,response):
return [{"role": "user", "content": f'{prompt} -> '},
{"role": "assistant", "content": response}]
```

构建简单的实体抽取问题，并将其传入模型中以得到输出结果。需要注意的是，在向 Baichuan2-13B-Chat 模型传入信息时，需要指明提问者的身份，如 "user"。具体代码如下。

```
messages = [{"role": "user", "content": get_prompt("下个月，玛丽和约翰计划去巴黎旅行。")}]
response = model.chat(tokenizer, messages)
```

print(response)的输出结果如下。

{"人称": ["玛丽", "约翰"], "时间": ["下个月"], "地点": ["巴黎"]}

如下代码调用 get_message()方法以构造小样本提示词。

```
messages = messages+[{"role": "assistant", "content": "{'人称': ['玛丽', '约翰'], '时间': ['下个月'], '地点': ['巴黎']}"}]
messages.extend(get_message("小红 2008 年去北京看奥运会。","{'人称': ['小红'], '时间': ['2008 年'], '地点': ['北京']}"))
```

```
messages.extend(get_message("下个月初, 苏珊计划飞往伦敦参加一个国际会议。","{'人称':
['苏珊'], '时间': ['下个月初'], '地点': ['伦敦']}"))
display(messages)
```

输出结果如下（已省略部分输出内容）。

[{'role': 'user', 'content': '命名实体识别：抽取文本中的人称、时间、地点这三类命名实体，并按照 JSON 格式返回结果。\n 下面是一些范例：\n 去年夏天, 小明和他的家人去海南度假。 -> {"人称": ["小明"], "时间": ["去年夏天"], "地点": ["海南"]}\n 张伟对历史很感兴趣, 上个月他去西安参观兵马俑。 -> {"人称": ["张伟"], "时间": ["上个月"], "地点": ["西安", "兵马俑"]}\n 请对下述文本进行实体抽取, 并返回 JSON 格式的结果。\n 下个月, 玛丽和约翰计划去巴黎旅行。 -> '},
{'role': 'assistant', 'content': "{'人称': ['玛丽', '约翰'], '时间': ['下个月'], '地点': ['巴黎']}"},
{'role': 'user', 'content': '小红 2008 年去北京看奥运会。 -> '},
{'role': 'assistant', 'content': "{'人称': ['小红'], '时间': ['2008 年'], '地点': ['北京']}"},
{'role': 'user', 'content': '下个月初, 苏珊计划飞往伦敦参加一个国际会议。 -> '},
{'role': 'assistant', 'content': "{'人称': ['苏珊'], '时间': ['下个月初'], '地点': ['伦敦']}"}]

接下来构造 predict()方法，用于将提示词输入模型中。这里设置 temperature=0.01。设置完成后进行简单测试。具体代码如下。

```
def predict(text,temperature = 0.01):
    model.generation_config.temperature = temperature
    response = model.chat(tokenizer,
                          messages = messages+[{'role':'user','content':f'{text} -> '}])
    return response
predict('杜甫是李白的粉丝。')
```

输出结果如下。

'{"人称": ["杜甫", "李白"]}'

3. 测试预训练模型的效果

接下来使用开源的中文实体命名数据集（参见本书配套资料）测试未经微调、仅仅使用小样本提示词的预训练模型的效果。其中，dfdata 分为两列，text 列是各个长语句，而 target 列则展示实体划分后的结果。具体代码如下。

```
from sklearn.model_selection import train_test_split
import pandas as pd
df = pd.read_pickle('NER.pkl')
dfdata, dftest = train_test_split(df, test_size = 300, random_state = 42)
dftrain, dfval = train_test_split(dfdata, test_size = 200, random_state = 42)
```

创建一个长度与 dftest 的 target 列相同的空列表 preds，并通过 predict()方法进行预测。其中，tqdm 为 Python 的进度条库。具体代码如下。

```
from tqdm import tqdm
preds = ['' for x in dftest['target']]
```

```
for i in tqdm(range(len(preds))):
    preds[i] = predict(dftest['text'].iloc[i])
```

下面计算未经过微调的 Baichuan2-13B-Chat 模型在该数据集上预测的准确度。首先，定义 toset()方法，用于将识别出的命名实体转化为元组类型。具体代码如下。

```
def toset(s):
    try:
        dic = eval(str(s))
        res = []
        for k,v in dic.items():
            for x in v:
                if x:
                    res.append((k,x))
        return set(res)
    except Exception as err:
        print(err)
        return set()
```

在评估实际效果之前，先了解一些基本指标。

F1 分数是分类问题的一个衡量指标。F1 分数的计算过程涉及如下概念：

- TP（True Positive）：预测答案正确；

- FP（False Positive）：错将其他类预测为本类；

- FN（False Negative）：将本类标签预测为其他类标签。

精确率/查询率（Precision）：指被分类器判定正例中的正样本的比重，计算方式如式（12-1）所示。

$$精确率_k = \frac{TP}{TP + FP} \tag{12-1}$$

召回率/查全率（Recall）：指被预测为正例占总的正例的比重，计算方式如式（12-2）所示。

$$召回率_k = \frac{TP}{TP + FN} \tag{12-2}$$

每个类别下的 F1 分数的计算方式如式（12-3）所示。

$$F1_k = 2\frac{精确率_k \times 召回率_k}{精确率_k + 召回率_k} \tag{12-3}$$

输入如下代码，计算 F1 分数的值。

```
dftest['pred'] = [toset(x) for x in preds]
dftest['gt'] = [toset(x) for x in dftest['target']]
dftest['tp_cnt'] = [len(pred&gt) for pred,gt in zip(dftest['pred'],dftest['gt'])]
```

```
dftest['pred_cnt'] = [len(x) for x in dftest['pred']]
dftest['gt_cnt'] = [len(x) for x in dftest['gt']]
precision = sum(dftest['tp_cnt'])/sum(dftest['pred_cnt'])
print('precision = '+str(precision))
recall = sum(dftest['tp_cnt'])/sum(dftest['gt_cnt'])
print('recall = '+str(recall))
f1 = 2*precision*recall/(precision+recall)
print('f1_score = '+str(f1))
```

输出结果如图 12-11 所示。

```
precision = 0.3862857142857143
recall = 0.48773448773448774
f1_score = 0.43112244897959184
```

图 12-11　最终的输出结果

12.2.3　数据准备

接下来按照 Baichuan2-13B-Chat 模型的 model_build_chat_input() 方法来进行 Token 编码，同时为模型需要学习的内容添加序列标签（Label）。我们需要将 messages 编码成 Token，同时返回 Labels。在 Baichuan2-13B-Chat 模型中，可以通过插入 tokenizer.user_token_id 和 tokenizer.assistant_ token_id 来区分用户和机器人会话内容。具体代码如下。

```
import torch
def build_chat_input(messages, model = model,
                     tokenizer = tokenizer,
                     max_new_tokens: int = 0):
    max_new_tokens = max_new_tokens or model.generation_config.max_new_tokens
    max_input_tokens = model.config.model_max_length - max_new_tokens
    max_input_tokens = max(model.config.model_max_length // 2, max_input_tokens)
    total_input, round_input, total_label, round_label = [], [], [], []
    for i, message in enumerate(messages[::-1]):
        content_tokens = tokenizer.encode(message['content'])
        if message['role'] == 'user':
            round_input = [model.generation_config.user_token_id] + content_tokens + round_input
            round_label = [-100]+[-100 for _ in content_tokens]+ round_label

            if total_input and len(total_input) + len(round_input) > max_input_tokens:
                break
            else:
                total_input = round_input + total_input
                total_label = round_label + total_label
                if len(total_input) >= max_input_tokens:
                    break
```

```
            else:
                round_input = []
                round_label = []
        elif message['role'] == 'assistant':
            round_input = [
                model.generation_config.assistant_token_id
            ] + content_tokens + [
                model.generation_config.eos_token_id
            ] + round_input
            if i== 0:
                round_label = [
                    -100
                ] + content_tokens + [
                    model.generation_config.eos_token_id
                ]+ round_label
            else:
                round_label = [
                    -100
                ] + [-100 for _ in content_tokens] + [
                    -100
                ]+ round_label
        else:
            raise ValueError(f"message role not supported yet: {message['role']}")
    total_input = total_input[-max_input_tokens:]
    total_label = total_label[-max_input_tokens:]
    total_input.append(model.generation_config.assistant_token_id)
    total_label.append(-100)
    return total_input,total_label
```

接下来构造数据集。此处需要编写 MyDataset 类。具体代码如下。

```
from torch.utils.data import Dataset,DataLoader
from copy import deepcopy
class MyDataset(Dataset):
    def __init__(self,df,
                messages ):
        self.df = df
        self.messages = messages
    def __len__(self):
        return len(self.df)
    def get_samples(self,index):
        samples = []
        d = dict(self.df.iloc[index])
        samples.append(d)
        return samples
    def get_messages(self,index):
        samples = self.get_samples(index)
        messages = deepcopy(self.messages)
```

```
            for i,d in enumerate(samples):
                messages.append({'role':'user','content':d['text']+' -> '})
                messages.append({'role':'assistant','content':str(d['target'])})
            return messages
        def __getitem__(self,index):
            messages = self.get_messages(index)
            input_ids, labels = build_chat_input(messages)
            return {'input_ids':input_ids,'labels':labels}
        def show_sample(self,index):
            samples = self.get_samples(index)
            print(samples)
```

针对 dftrain 和 dfval，借助 MyDataset 类的构造方法分别得到训练集对象 ds_train 和验证集对象 ds_val。具体代码如下。

```
ds_train = MyDataset(dftrain,messages)
ds_val = MyDataset(dfval,messages)
```

通过如下代码创建数据整合器。

```
def data_collator(examples: list):
    len_ids = [len(example["input_ids"]) for example in examples]
    longest = max(len_ids)
    input_ids = []
    labels_list = []
    for length, example in sorted(zip(len_ids, examples), key = lambda x: -x[0]):
        ids = example["input_ids"]
        labs = example["labels"]
        ids = ids + [tokenizer.pad_token_id] * (longest - length)
        labs = labs + [-100] * (longest - length)
        input_ids.append(torch.LongTensor(ids))
        labels_list.append(torch.LongTensor(labs))
    input_ids = torch.stack(input_ids)
    labels = torch.stack(labels_list)
    return {
        "input_ids": input_ids,
        "labels": labels,
    }
```

通过如下代码创建 DataLoader，并试运行一个 Batch。

```
dl_train = torch.utils.data.DataLoader(ds_train,num_workers = 2,batch_size = 1,
                                       pin_memory = True,shuffle = True,
                                       collate_fn = data_collator)
dl_val = torch.utils.data.DataLoader(ds_val,num_workers = 2,batch_size = 1,
                                     pin_memory = True,shuffle = False,
                                     collate_fn = data_collator)
for batch in dl_train:
```

```
        break
    out = model(**batch)
    print(out.loss)
```

输出结果如下。

```
tensor(4.6992, dtype = torch.float16, grad_fn = <ToCopyBackward0>)
```

以 300 个 Batch 作为一个轮次，便于快速验证。具体代码如下。

```
dl_train.size = 300
```

12.2.4　定义模型

接下来将使用 QLoRA 方法微调 Baichuan2-13B-Chat 模型。具体代码如下。

```
from peft import get_peft_config, get_peft_model, TaskType
model.supports_gradient_checkpointing = True
model.gradient_checkpointing_enable()
model.enable_input_require_grads()
model.config.use_cache = False
```

找出所有的全连接层，并为所有全连接层添加低秩适配器。具体代码如下。

```
import bitsandbytes as bnb
def find_all_linear_names(model):
    """
    找出所有的全连接层，并为所有全连接层添加低秩 Adapter
    """
    cls = bnb.nn.Linear4bit
    lora_module_names = set()
    for name, module in model.named_modules():
        if isinstance(module, cls):
            names = name.split('.')
            lora_module_names.add(names[0] if len(names) == 1 else names[-1])
    if 'lm_head' in lora_module_names:
        lora_module_names.remove('lm_head')
    return list(lora_module_names)
```

通过 prepare_model_for_kbit_training()方法让量化模型可以进行 QLoRA 算法训练。具体代码如下。

```
from peft import prepare_model_for_kbit_training
model = prepare_model_for_kbit_training(model)
```

通过如下代码可以找到所有的线性层并输出。

```
lora_modules = find_all_linear_names(model)
print(lora_modules)
```

输出结果如下。

```
['gate_proj', 'down_proj', 'up_proj', 'W_pack', 'o_proj']
```

通过 get_peft_model()方法装配 QLoRA 方法的配置信息到量化模型，并输出可训练的模型参数。具体代码如下。

```
from peft import AdaLoraConfig
peft_config = AdaLoraConfig(
    task_type = TaskType.CAUSAL_LM, inference_mode = False,
    r = 16,
    lora_alpha = 16, lora_dropout = 0.05,
    target_modules = lora_modules
)
peft_model = get_peft_model(model, peft_config)
peft_model.is_parallelizable = True
peft_model.model_parallel = True
peft_model.print_trainable_parameters()
```

输出结果如下。

```
trainable params: 41,843,040 || all params: 13,938,511,400 || trainable%: 0.300197
3367112933
```

12.2.5　模型训练

在模型训练部分，我们使用 torchkeras 库进行训练，并改写 save_ckpt()和 load_ckpt()方法，仅仅保存与 QLoRA 算法相关的可训练参数。具体代码如下。

```
from torchkeras import KerasModel
from accelerate import Accelerator
class StepRunner:
    def __init__(self, net, loss_fn, accelerator = None, stage = "train", metrics_
dict = None, optimizer = None, lr_scheduler = None
                ):
        self.net,self.loss_fn,self.metrics_dict,self.stage = net,loss_fn,metrics_
dict,stage
        self.optimizer,self.lr_scheduler = optimizer, lr_scheduler
        self.accelerator = accelerator if accelerator is not None else Accelerator()
        if self.stage == 'train':
            self.net.train()
        else:
            self.net.eval()
    def __call__(self, batch):

        with self.accelerator.autocast():
            loss = self.net.forward(**batch)[0]
```

```
        if self.optimizer is not None and self.stage == "train":
            self.accelerator.backward(loss)
            if self.accelerator.sync_gradients:
                self.accelerator.clip_grad_norm_(self.net.parameters(), 1.0)
            self.optimizer.step()
            if self.lr_scheduler is not None:
                self.lr_scheduler.step()
            self.optimizer.zero_grad()
        all_loss = self.accelerator.gather(loss).sum()
        step_losses = {self.stage+"_loss":all_loss.item()}
        step_metrics = {}
        if self.stage == "train":
            if self.optimizer is not None:
                step_metrics['lr'] = self.optimizer.state_dict()['param_groups']
[0]['lr']
            else:
                step_metrics['lr'] = 0.0
        return step_losses,step_metrics
    KerasModel.StepRunner = StepRunner
    #仅仅保存与 QLoRA 算法相关的可训练参数
    def save_ckpt(self, ckpt_path = 'checkpoint', accelerator = None):
        unwrap_net = accelerator.unwrap_model(self.net)
        unwrap_net.save_pretrained(ckpt_path)
    def load_ckpt(self, ckpt_path = 'checkpoint'):
        import os
        self.net.load_state_dict(
            torch.load(os.path.join(ckpt_path,'adapter_model.bin')),strict = False)
        self.from_scratch = False
    KerasModel.save_ckpt = save_ckpt
    KerasModel.load_ckpt = load_ckpt
```

设置优化器为 AdamW，随后指明模型权重的保存地址。具体代码如下。

```
optimizer = bnb.optim.adamw.AdamW(peft_model.parameters(),
                                  lr = 6e-05, is_paged = True)
keras_model = KerasModel(peft_model,loss_fn = None,
        optimizer = optimizer)
ckpt_path = 'baichuan2-13b_ner'
```

使用 keras_model 的 fit()方法进行训练。具体代码如下。

```
keras_model.fit(train_data = dl_train,
                val_data = dl_val,
                epochs=100, patience=10,
                monitor='val_loss', mode='min',
                ckpt_path = ckpt_path
)
```

输出结果如图 12-12 所示，其中，横轴代表轮次，纵轴代表损失函数值，在经历 20 个轮次的训练后，模型趋于收敛。

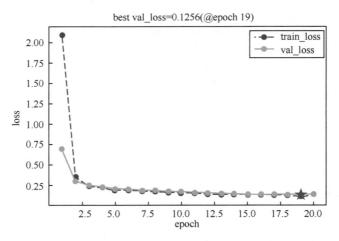

图 12-12 训练的输出结果

12.2.6 保存模型

为了减轻 GPU 的压力，此处可以重新启动内核以释放缓存。可以通过如下代码加载未经过微调的模型。

```
import warnings
warnings.filterwarnings('ignore')
import torch
from transformers import AutoTokenizer, AutoModelForCausalLM,AutoConfig, AutoModel,
BitsAndBytesConfig
from transformers.generation.utils import GenerationConfig
import torch.nn as nn
model_name_or_path = 'model'
ckpt_path = 'baichuan2_13b_ner'
tokenizer = AutoTokenizer.from_pretrained(model_name_or_path,
                                          trust_remote_code = True
)
model_old = AutoModelForCausalLM.from_pretrained(model_name_or_path,
                                          trust_remote_code = True,
                                          low_cpu_mem_usage = True,
                                          torch_dtype = torch.float16,
                                          device_map = 'auto'
)
```

将训练好的 QLoRA 部分的模型权重与原模型进行合并，得到新模型 model_new。具体代码如下。

```
from peft import PeftModel
peft_model = PeftModel.from_pretrained(model_old, ckpt_path)
model_new = peft_model.merge_and_unload()
```

将原模型的配置复制到新模型。具体代码如下。

```
from transformers.generation.utils import GenerationConfig
model_new.generation_config = GenerationConfig.from_pretrained(model_name_or_path)
```

测试一下新模型的原有能力是否丧失。具体代码如下。

```
from IPython.display import clear_output
messages = []
messages.append({"role": "user",
                 "content": "最近想了解足球知识，请问守门员可以去罚点球吗？"})
response = model_new.chat(tokenizer,messages = messages,stream = True)
for res in response:
    print(res)
    clear_output(wait = True)
```

输出结果如下。

是的，守门员是可以去罚点球的。根据足球比赛规则，只要是在场上的球员，都有权利执行点球，包括守门员。在罚点球时，除了主罚球员和对方守门员以外，其他球员都需要站在远离罚球点的地方，而守门员则需要站在两门柱间的球门线上，两脚不得移动。

下面对新模型的参数进行保存。其中，save_path 指的是模型保存的地址，并将原模型的 Python 文件保存到新模型所在目录中。具体代码如下。

```
save_path = 'baichuan2_13b_ner'
tokenizer.save_pretrained(save_path)
model_new.save_pretrained(save_path)
cp ../model/*.py  baichuan2_13b_ner
```

12.2.7　模型评估

为了减轻 GPU 的压力，此处可再次重新启动内核以释放显存。可以通过如下代码加载模型（需要重新载入与 12.2.2 节相同的库和参数设置）。

```
model_name_or_path = 'baichuan2_13b_ner'
tokenizer = AutoTokenizer.from_pretrained(model_name_or_path, trust_remote_code = True)
model = AutoModelForCausalLM.from_pretrained(model_name_or_path, quantization_config =
bnb_config, trust_remote_code = True)
```

接下来测试微调后模型的效果。载入开源的中文实体命名数据集，此处的步骤与前面的步骤类似。具体代码如下。

```
import pandas as pd
import numpy as np
import datasets
from tqdm import tqdm
from sklearn.model_selection import train_test_split
import pandas as pd
df = pd.read_pickle('NER.pkl')
dfdata,dftest = train_test_split(df,test_size = 300,random_state = 42)
dftrain,dfval = train_test_split(dfdata,test_size = 200,random_state = 42)
```

通过如下代码定义 predict() 函数，用于返回模型对问题的回答。

```
def predict(text,temperature = 0.01):
    model.generation_config.temperature = temperature
    response = model.chat(tokenizer,
                          messages = messages+[{'role':'user','content':f'{text} -> '}])
    return response
```

设计小样本提示词，其中定义了 get_prompt() 和 get_message() 方法。具体代码如下。

```
prefix = '''命名实体识别：抽取文本中的人称、时间、地点这三类命名实体，并按照 JSON 格式返回结果。

下面是一些范例：

去年夏天，小明和他的家人去海南度假。 -> {"人称": ["小明"], "时间": ["去年夏天"], "地点": ["海南"]}
张伟对历史很感兴趣，上个月他去西安参观兵马俑。 -> {"人称": ["张伟"], "时间": ["上个月"],
"地点": ["西安", "兵马俑"]}

请对下述文本进行实体抽取，并返回 JSON 格式的结果。

'''
def get_prompt(text):
    return prefix+text+' -> '
def get_message(prompt,response):
    return [{"role": "user", "content": f'{prompt} -> '},
            {"role": "assistant", "content": response}]
messages  = [{"role": "user", "content": get_prompt("下个月，玛丽和约翰计划去巴黎旅行。")}]
messages = messages+[{"role": "assistant", "content": "{'人称': ['玛丽 ', '约翰'],
'时间': ['下个月'], '地点': ['巴黎']}"}]
messages.extend(get_message("小红 2008 年去北京看奥运会。","{'人称': ['小红'], '时间':
['2008 年'], '地点': ['北京']}"))
messages.extend(get_message("下个月初，苏珊计划飞往伦敦参加一个国际会议。","{'人称':
['苏珊'], '时间': ['下个月初'], '地点': ['伦敦']}"))
display(messages)
```

使用微调后的模型在该数据集上进行测试。具体代码如下。

```
from tqdm import tqdm
preds = ['' for x in dftest['target']]
for i in tqdm(range(len(preds))):
```

```
        preds[i] = predict(dftest['text'].iloc[i])
```

接下来定义 toset()方法，将模型预测结果返回为元组类型。最后进行 F1 分数的计算。
具体代码如下。

```
def toset(s):
    try:
        dic = eval(str(s))
        res = []
        for k,v in dic.items():
            for x in v:
                if x:
                    res.append((k,x))
        return set(res)
    except Exception as err:
        print(err)
        return set()
dftest['pred'] = [toset(x) for x in preds]
dftest['gt'] = [toset(x) for x in dftest['target']]
dftest['tp_cnt'] = [len(pred&gt) for pred,gt in zip(dftest['pred'],dftest['gt'])]
dftest['pred_cnt'] = [len(x) for x in dftest['pred']]
dftest['gt_cnt'] = [len(x) for x in dftest['gt']]
precision = sum(dftest['tp_cnt'])/sum(dftest['pred_cnt'])
print('precision = '+str(precision))
recall = sum(dftest['tp_cnt'])/sum(dftest['gt_cnt'])
print('recall = '+str(recall))
f1 = 2*precision*recall/(precision+recall)
print('f1_score = '+str(f1))
```

输出结果如下。

```
precision = 0.7973856209150327
recall = 0.7041847041847041
f1_score = 0.7478927203065133
```

可以看到，F1 分数为 0.74，较微调前有了明显提升。

12.3　LLaMA2 模型部署与微调

2023 年，Meta 公司发布 LLaMA2 预训练语言模型。该模型开源并可免费商用，涉及 7B、13B 和 70B 3 种参数规模的版本。与 LLaMA 相比，LLaMA2 在预训练过程中增加了 40%的 Token 数量，同时使用 GQA（Group Query Attention，分组查询注意力技术）加速参数规模较大模型的推理过程。LLaMA2-Chat 版本已经达到与 ChatGPT 相似的使用效果。

在本节中，我们将了解 LLaMA2 的模型使用及微调方式，并通过实例介绍微调对于模型输出效果的影响。

12.3.1   模型使用申请

在使用 LLaMA2 模型之前，需要先在 Meta AI 网站进行注册，否则将无法下载 LLaMA2 的模型权重。

注册并申请模型使用权限后，注册时使用的邮箱将会收到下载模型权重时需要验证的内容。

12.3.2   环境准备

本次实践案例将对 LLaMA2 模型进行微调，训练所需的最低硬件资源配置如表 12-3 所示。

表 12-3   最低硬件资源配置

名称	详情
显存	16GB
CPU 核心数	14 核
内存	16GB
硬盘	35GB

下面进行 LLaMA2 模型的部署实验。此处建议使用显存在 24GB 及以上的显卡设备进行实验。首先，通过如下代码克隆 LLaMA2 在 GitHub 网站中的相关内容。

```
git clone GitHub 网站中 llama.git 的 URL 地址
```

运行代码后，安装目录中将出现 llama 目录。llama 目录包含 LLaMA2 模型的定义文件、Demo 示例、用于下载权重的脚本等。进入 llama 目录，通过如下代码安装 LLaMA2 运行所需要的依赖。

```
pip install -e .
```

如果读者的网络条件受限，可以通过国内源（如清华源、国科大源）进行安装。

接下来通过从 GitHub 网站上克隆的 download.sh 脚本下载模型权重。Meta 公司已经开放 7B、13B、70B 3 种参数规模的模型，每个参数规模又分为原始版本和 Chat 版本。Chat 版本是 Meta 公司使用 RLHF 技术针对模型的人机对话能力进行对齐和强化的版本。进入 llama 目录中，运行下载脚本，如图 12-13 所示。其中需要输入申请模型权重下载时收到的邮件中的 URL 地址。

```
(base) root@I1470deea3a00a011c3:/hy-tmp/llama#  bash download.sh
Enter the URL from email:
```

图 12-13   通过下载脚本下载模型权重

此处选择 7B-chat 模型进行下载，如图 12-14 所示。

图 12-14　选择 7B-chat 模型进行下载

12.3.3　载入模型

目前，LLaMA2 官方代码仓库提供两个 Demo，可供开发者使用。其中一个 Demo 是句子补全任务。如果下载的是原版模型（如 LLaMA2-7B），可以通过以下代码进行句子补全任务（example_text_completion.py）。

```
torchrun --nproc_per_node 1 example_text_completion.py \
    --ckpt_dir llama-2-7b/ \
    --tokenizer_path tokenizer.model \
    --max_seq_len 128 --max_batch_size 4
```

另一个 Demo 是基于 Chat 版本模型的对话任务（example_chat_completion.py）。以 LLaMA2-7B-Chat 为例，运行该任务的代码如下。

```
torchrun --nproc_per_node 1 example_chat_completion.py \
    --ckpt_dir llama-2-7b-chat/ \
    --tokenizer_path tokenizer.model \
    --max_seq_len 512 --max_batch_size 4
```

代码中各项的含义如下。

- torchrun 是一款由 PyTorch 提供的用于分布式训练的命令行工具。

- --nproc_per_node 1 指定在每个节点上使用 1 个 GPU。这意味着每个训练节点（可能是单个 GPU 或多个 GPU）只使用一个 GPU。

- --ckpt_dir llama-2-7b/和--tokenizer_path tokenizer.model 指定使用的模型和分词器的路径。通过在对应 Python 文件中写入参数以避免重复指定。

上述两段代码已经明确了句子补全和对话的输入，如果想把自己的文本输入模型，可以通过修改代码中对应的变量来达到目的。例如可以在 example_text_completion.py 文件中修改 Prompts 列表变量，列表中的每个元素为一个待补全的句子。

同理，对于具体的对话任务，也可以直接在 example_chat_completion.py 文件中对 dialogs
列表进行改写，从而用开发者想要输入的句子对模型进行测试。列表中的每个字典元素为一
个对话，Role 表示身份（有 System、User 和 Assistant 3 个选项），content 则表示对话的文本
内容。如果只是一个简单句子的输入，则可以直接在列表中加入一个身份为 User 的字典。Role
中 3 个选项的具体含义和用法如下。

- System：表示系统，用于对生成内容提出要求。这些信息在输入模型后会被处理为
  Prompt，并自动拼接在后续输入的对话文本的前部。例如，可以在 System 下要求系
  统使用指定的内容或风格进行回答。仅可在输入列表的第一个元素中指定 System。
  未指定 System 时，系统会自行添加一个默认的 Prompt，内容如下。

```
"""You are a helpful, respectful and honest assistant. Always answer as helpfully
as possible, while being safe. Your answers should not include any harmful, unethical,
racist, sexist, toxic, dangerous, or illegal content. Please ensure that your responses
are socially unbiased and positive in nature.
 If a question does not make any sense, or is not factually coherent, explain why
instead of answering something not correct. If you don't know the answer to a question,
 please don't share false information."""
```

- User：表示用户，可以输入文本。

- Assistant：表示系统，用于回答文本，仅用在构建多轮对话时。

12.3.4　数据准备

接下来开始对 LLaMA2 模型进行微调。此处将要使用有监督微调方法对 LLaMA2 模型
进行训练。在训练过程中，指令数据集的质量至关重要。例如，针对 Prompt 模板的构造过
程，一般的 Prompt 模板由系统提示（通常为可选，用于指导模型生成内容的方式）、用户提
示（必选，用于发出用户指令）、附加输入（可选，如 Few-shot 样例）、答案（必选）。例如，
Meta 公司为 LLaMA2 模型设计了如下模板。

```
<s>[INST] <<SYS>>
{{ system_prompt }}
<</SYS>>
{{ user_message }} [/INST]
```

其中，<s>、<SYS>、</SYS>、[INST]、[/INST]是特殊的 Token，代表 Prompt 模板中各
部分的组成；{{system_prompt}}是用户与模型交互过程中的通用前缀，用于指定模型的身份
以及对话的大背景；{{user_message}}用于指定用户所提供的信息，也可以理解为一段对话
中的内容。

根据上面给出的模板，开发者可以构建如下提示词。

```
<s>[INST] <<SYS>>
You are a helpful, respectful and honest assistant. Always answer as helpfully as
possible, while being safe.  Your answers should not include any harmful, unethical,
racist, sexist, toxic, dangerous, or illegal content. Please ensure that your responses
are socially unbiased and positive in nature.
If a question does not make any sense, or is not factually coherent, explain why
instead of answering something not correct. If you don't know the answer to a question,
please don't share false information.
<</SYS>>
There's a llama in my garden! What should I do? [/INST]
```

同类型的提示词模板包括 Alpaca 模板、Vicuna 模板。在本次微调过程中，本书提供了经过 LLaMA 模板格式化后的开源指令数据集，可以在本书配套资料中查看相关内容。

12.3.5 模型训练

这里使用 QLoRA 算法对模型进行训练。首先，通过如下代码安装指定版本的类库。

```
pip install accelerate == 0.21.0
pip install peft == 0.4.0
pip install bitsandbytes == 0.40.2
pip install transformers == 4.31.0
pip install trl == 0.4.7
```

安装完成后，导入如下类库。具体代码如下。

```
import os
import torch
from datasets import load_dataset
from transformers import (
    AutoModelForCausalLM,
    AutoTokenizer,
    BitsAndBytesConfig,
    HfArgumentParser,
    TrainingArguments,
    pipeline,
    logging,
)
from peft import LoraConfig, PeftModel
from trl import SFTTrainer
```

接下来加载 llama-2-7b-chat-hf 模型，并在 Guanaco 数据集（1000 个样本）上对其进行训练，最终生成微调模型 llama-2-7b-miniguanaco。具体代码如下。

```
model_name = "llama-2-7b-chat-hf"
dataset_name = "mlabonne/guanaco-llama2-1k"
new_model = "llama-2-7b-miniguanaco"
```

此处也可以修改数据集为 Hugging Face 网站上的其他开源数据集。

此处使用 QLoRA 算法对模型进行低成本微调。首先设置 QLoRA 算法的秩为 64，缩放参数为 16，然后使用 QLoRA 算法特有的 4 位精度直接加载 LLaMA2 模型。具体代码如下。

```
lora_r = 64
lora_alpha = 16
lora_dropout = 0.1
use_4bit = True
bnb_4bit_compute_dtype = "float16"
bnb_4bit_quant_type = "nf4"
use_nested_quant = False
output_dir = "./results"
num_train_epochs = 1
fp16 = False
bf16 = False
per_device_train_batch_size = 4
per_device_eval_batch_size = 4
gradient_accumulation_steps = 2
gradient_checkpointing = True
max_grad_norm = 0.3
learning_rate = 2e-4
weight_decay = 0.001
optim = "paged_adamw_32bit"
lr_scheduler_type = "constant"
max_steps = -1
warmup_ratio = 0.03
group_by_length = True
save_steps = 10
logging_steps = 1
max_seq_length = None
packing = False
device_map = {"": 0}
```

下面加载实验所需要的模型及数据集。首先，加载定义的数据集。虽然数据集已经过预处理，但通常需要对提示词进行重新格式化、过滤错误的数据、合并多个数据集等操作。具体代码如下。

```
dataset = load_dataset(dataset_name, split = "train")
```

将 bitsandbytes 配置为 4 位量化，并在 GPU 上加载 4 位精度的 LLaMA2 模型，同时使用相对应的分词器。具体代码如下。

```
compute_dtype = getattr(torch, bnb_4bit_compute_dtype)
bnb_config = BitsAndBytesConfig(
    load_in_4bit = use_4bit,
    bnb_4bit_quant_type = bnb_4bit_quant_type,
```

```
        bnb_4bit_compute_dtype = compute_dtype,
        bnb_4bit_use_double_quant = use_nested_quant,
    )
    if compute_dtype == torch.float16 and use_4bit:
        major, _ = torch.cuda.get_device_capability()
        if major >= 8:
            print("=" * 80)
            print("Your GPU supports bfloat16: accelerate training with bf16 = True")
            print("=" * 80)
    model = AutoModelForCausalLM.from_pretrained(
        model_name,
        quantization_config = bnb_config,
        device_map = device_map
    )
    model.config.use_cache = False
    model.config.pretraining_tp = 1
    tokenizer = AutoTokenizer.from_pretrained(model_name, trust_remote_code = True)
    tokenizer.pad_token = tokenizer.eos_token
    tokenizer.padding_side = "right"
```

接下来加载 QLoRA 算法的配置和常规训练参数，并将所有内容传递给 SFTTrainer 方法。SFTTrainer 方法封装了 PEFT 模型定义及其他步骤。具体代码如下。

```
    peft_config = LoraConfig(
        lora_alpha = lora_alpha,
        lora_dropout = lora_dropout,
        r = lora_r,
        bias = "none",
        task_type = "CAUSAL_LM",
    )
    training_arguments = TrainingArguments(
        output_dir = output_dir,
        num_train_epochs = num_train_epochs,
        per_device_train_batch_size = per_device_train_batch_size,
        gradient_accumulation_steps = gradient_accumulation_steps,
        optim = optim,
        save_steps = save_steps,
        logging_steps = logging_steps,
        learning_rate = learning_rate,
        weight_decay = weight_decay,
        fp16 = fp16,
        bf16 = bf16,
        max_grad_norm = max_grad_norm,
        max_steps = max_steps,
        warmup_ratio = warmup_ratio,
        group_by_length = group_by_length,
        lr_scheduler_type = lr_scheduler_type,
```

```
    report_to = "tensorboard"
)
trainer = SFTTrainer(
    model=model,
    train_dataset=dataset,
    peft_config=peft_config,
    dataset_text_field="text",
    max_seq_length=max_seq_length,
    tokenizer=tokenizer,
    args=training_arguments,
    packing=packing,
)
```

接下来开始训练并将模型存储在 output_dir 指定的位置。具体代码如下。

```
trainer.train()
trainer.model.save_pretrained(output_dir)
```

模型训练过程如图 12-15 所示。

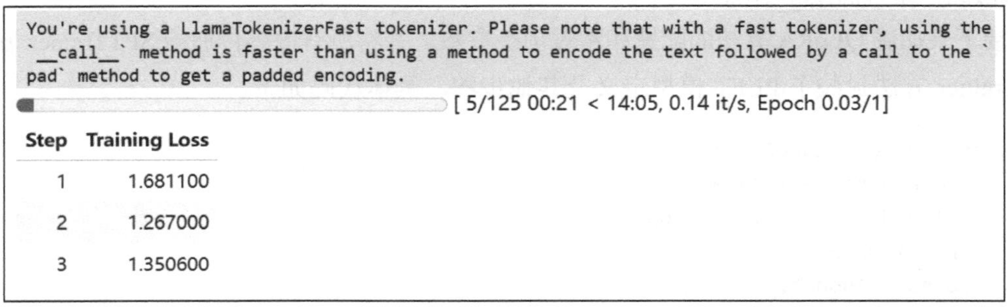

图 12-15　模型训练过程

根据数据集大小的不同，训练时间也不一致。这里使用 RTX 3090（24GB 显存）训练时花费了 15min。通过如下代码可以在 tensorboard 中查看训练的曲线图。

```
%load_ext tensorboard
%tensorboard --logdir results/runs
```

12.3.6　保存模型

在得到微调模型后，需要将 QLoRA 算法的权重与基础模型合并。具体做法是首先以 FP16 精度重新加载基础模型，然后使用 PEFT 库合并训练后的模型与原模型。建议重启 Jupyter Notebook 内核，随后按照 12.3.3 节的介绍加载模型。具体代码如下。

```
base_model = AutoModelForCausalLM.from_pretrained(
    model_name,
    low_cpu_mem_usage = True,
```

```
        return_dict = True,
        torch_dtype = torch.float16,
        device_map = device_map,
    )
    model = PeftModel.from_pretrained(base_model, output_dir)
    model = model.merge_and_unload()
    tokenizer = AutoTokenizer.from_pretrained(model_name, trust_remote_code = True)
    tokenizer.pad_token = tokenizer.eos_token
    tokenizer.padding_side = "right"
```

上述代码合并模型权重并重新加载分词器。同时，也可以将所有经过训练的模型参数推送到 Hugging Face Hub 平台并保存。具体代码如下。

```
    huggingface-cli login
    model.push_to_hub(new_model, use_temp_dir = False)
    tokenizer.push_to_hub(new_model, use_temp_dir = False)
```

12.3.7　模型评估

接下来对微调后的模型进行评估。Prompt 的设计如下。此处向模型提问 "What is a large language model?"（什么是大模型？）。

```
    logging.set_verbosity(logging.CRITICAL)
    prompt = "What is a large language model?"
    pipe = pipeline(task = "text-generation", model = model, tokenizer = tokenizer, max_
    length = 200)
    result = pipe(f"<s>[INST] {prompt} [/INST]")
    print(result[0]['generated_text'])
```

输出结果如下。

```
A large language model is a type of artificial intelligence that is trained on a
large dataset of text to generate human-like language. It is typically trained on a
dataset of text that is much larger than the training data used for smaller language
models. This allows the model to learn more complex and nuanced patterns in language,
and to generate more coherent and natural-sounding text.
Large language models are often used for tasks such as language translation, text
summarization, and chatbots. They are also used for more creative tasks such as writing
poetry or short stories.
Some examples of large language models include:
* BERT (Bidirectional Encoder Representations from Transformers)
* RoBERTa (Robustly Optimized BERT Pretraining Approach)
* DistilBERT (Distilled BERT)
```

对于一个 70 亿参数规模的模型，LLaMA2 模型在内容生成上取得了较好的效果，符合预期。读者也可以通过其他数据集训练出能够处理更多任务的模型。

12.4　小结

本节介绍了当前一些开源模型的部署、微调和推理过程，模型涵盖 60 亿参数规模的 ChatGLM3、130 亿参数规模的 Baichuan2、70 亿参数规模的 LLaMA2。这些模型均支持免费商用。读者可以基于这些模型开发用于学术或商业目的的项目。

12.5　课后习题

按照 12.1 节～12.3 节的相关内容，完成对 3 种模型的微调实践。

参考文献

[1] BOMMASANI R, HUDSON D A, ADELI E, et al. On the Opportunities and Risks of Foundation Models[J]. arXiv e-prints, 2021: 2108-7258.

[2] ELMAN J L. Finding Structure in Time[J]. Cognitive Science, 1990, 14(2): 179-211.

[3] HOCHREITER S, SCHMIDHUBER J. Long Short-Term Memory[J]. Neural Computation, 1997, 9(8): 1735-1780.

[4] MIKOLOV T. Distributed Representations of Sentences and Documents[Z]. PMLR, 2014: 1188-1196.

[5] DEVLIN J, CHANG M W, LEE K, et al. BERT: Pre-training of Deep Bidirectional Transformers for Language Understanding[J]. arXiv e-prints, 2018: 1810-4805.

[6] VASWANI A, SHAZEER N, PARMAR N, et al. Attention Is all You Need[J]. arXiv e-prints, 2017: 1706-3762.

[7] PETERS M E, NEUMANN M, IYYER M, et al. Deep Contextualized Word Representations[J]. arXiv e-prints, 2018: 1802-5365.

[8] RADFORD A, NARASIMHAN K, SALIMANS T, et al. Improving Language Understanding by Generative Pre-training[EB].

[9] RADFORD A, WU J, CHILD R, et al. Language Models Are Unsupervised Multitask Learners[EB].

[10] BROWN T B, MANN B, RYDER N, et al. Language Models Are Few-Shot Learners[J]. arXiv e-prints, 2020: 2005-14165.

[11] TOUVRON H, LAVRIL T, IZACARD G, et al. LLaMA: Open and Efficient Foundation Language Models[J]. arXiv e-prints, 2023: 2302-13971.

[12] DU Z, QIAN Y, LIU X, et al. GLM: General Language Model Pre-training with Autoregressive Blank Infilling[J]. arXiv e-prints, 2021: 2103-10360.

[13] OpenAI. GPT-4 Technical Report[J]. arXiv e-prints, 2023: 2303-8774.

[14] PAN S J, YANG Q. A Survey on Transfer Learning[J]. IEEE Transactions on Knowledge and Data Engineering, 2009, 22(10): 1345-1359.

[15] LAMPERT C, NICKISCH H, HARMELING S. Learning to Detect Unseen Object Classes by Between-class Attribute Transfer: 2009 IEEE Conference on Computer Vision and Pattern Recognition[C], 2009.

[16] RING M B. CHILD: A First Step Towards Continual Learning[J]. Machine Learning, 1997, 28(1): 77-104.

[17] SUN Y, WANG S, LI Y, et al. ERNIE 2.0: A Continual Pre-training Framework for Language Understanding[J]. arXiv e-prints, 2019: 1907-12412.

[18] CARUANA R. Multitask Learning[J]. Machine Learning, 1997, 28: 41-75.

[19] CHRISTIANO P, LEIKE J, BROWN T B, et al. Deep Reinforcement Learning from Human Preferences[J]. arXiv e-prints, 2017: 1706-3741.

[20] ZIEGLER D M, STIENNON N, WU J, et al. Fine-tuning Language Models from Human Preferences[J]. arXiv e-prints, 2019: 1909-8593.

[21] SCHULMAN J, WOLSKI F, DHARIWAL P, et al. Proximal Policy Optimization Algorithms[J]. arXiv e-prints, 2017: 1707-6347.

[22] LEE H, PHATALE S, MANSOOR H, et al. RLAIF: Scaling Reinforcement Learning from Human Feedback with AI Feedback[J]. arXiv e-prints, 2023: 2309-267.

[23] WEI J, WANG X, SCHUURMANS D, et al. Chain-of-Thought Prompting Elicits Reasoning in Large Language Models[J]. arXiv e-prints, 2022: 2201-11903.

[24] PETRONI F, ROCKTASCHEL T, LEWIS P, et al. Language Models as Knowledge Bases?[J]. arXiv e-prints, 2019: 1909-1066.

[25] PENNINGTON J, SOCHER R, MANNING C D. GloVe: Global Vectors for Word Representation: Conference on Empirical Methods in Natural Language Processing[C], 2014.

[26] YANG J, JIN H, TANG R, et al. Harnessing The Power of LLMs in Practice: A Survey on Chatgpt and Beyond[J]. arXiv e-prints, 2023: 2304-13712.

[27] SUN Y, WANG S, LI Y, et al. ERNIE: Enhanced Representation through Knowledge Integration[J]. arXiv e-prints, 2019: 1904-9223.

[28] RAFFEL C, SHAZEER N, ROBERTS A, et al. Exploring the Limits of Transfer Learning with a Unified Text-to-Text Transformer[J]. Journal of Machine Learning Research, 2020,21(140): 1-67.

[29] LEWIS M, LIU Y, GOYAL N, et al. BART: Denoising Sequence-to-Sequence Pre-training for Natural Language Generation, Translation, and Comprehension[J]. arXiv e-prints, 2019: 1910-13461.

[30] LAN Z, CHEN M, GOODMAN S, et al. ALBERT: A Lite BERT for Self-Supervised Learning of Language Representations[J]. arXiv e-prints, 2019: 1909-11942.

[31] ZHANG Z, HAN X, LIU Z, et al. ERNIE: Enhanced Language Representation with Informative Entities[J]. arXiv e-prints, 2019: 1905-7129.

[32] LIU Y, OTT M, GOYAL N, et al. RoBERTa: A Robustly Optimized BERT Pretraining Approach[J]. arXiv e-prints, 2019: 1907-11692.

[33] HE P, LIU X, GAO J, et al. DeBERTa: Decoding-Enhanced BERT with Disentangled Attention[J]. arXiv e-prints, 2020: 2006-3654.

[34] CHUNG H W, HOU L, LONGPRE S, et al. Scaling Instruction-Finetuned Language Models[J]. arXiv e-prints, 2022: 2210-11416.

[35] ZENG A, LIU X, DU Z, et al. GLM-130B: An Open Bilingual Pre-trained Model[J]. arXiv e-prints, 2022: 2210-2414.

[36] YANG Z, DAI Z, YANG Y, et al. XLNet: Generalized Autoregressive Pre-training for Language Understanding[J]. arXiv e-prints, 2019: 1906-8237.

[37] THOPPILAN R, DE FREITAS D, HALL J, et al. LaMDa: Language Models for Dialog Applications[J]. arXiv e-prints, 2022: 2201-8239.

[38] CHOWDHERY A, NARANG S, DEVLIN J, et al. PaLM: Scaling Language Modeling with Pathways[J]. arXiv e-prints, 2022: 2204-2311.

[39] TAYLOR R, KARDAS M, CUCURULL G, et al. Galactica: A Large Language Model for Science[J]. arXiv e-prints, 2022: 2211-9085.

[40] TOUVRON H, MARTIN L, STONE K, et al. LLaMA 2: Open Foundation and Fine-tuned Chat Models[J]. arXiv e-prints, 2023: 2307-9288.

[41] SCAO T L, FAN A, AKIKI C, et al. BLOOM: A 176B-Parameter Open-Access Multilingual Language Model[J]. arXiv e-prints, 2022: 2211-5100.

[42] LI R, ALLAL L B, ZI Y, et al. StarCoder: May the Source Be with You[J]. arXiv e-prints, 2023: 2305-6161.

[43] YUNXIANG L, ZIHAN L, KAI Z, et al. ChatDoctor: A Medical Chat Model Fine-tuned on LlaMA Model Using Medical Domain Knowledge[J]. arXiv e-prints, 2023: 2303-14070.

[44] DING M, YANG Z, HONG W, et al. CogView: Mastering Text-to-image Generation via Transformers[J]. Advances in Neural Information Processing Systems, 2021, 34: 19822-19835.

[45] SONG Y, DHARIWAL P, CHEN M, et al. Consistency Models[J]. arXiv e-prints, 2023: 2303-1469.

[46] BAO F, NIE S, XUE K, et al. One Transformer Fits all Distributions in Multi-Modal Diffusion at Scale[J]. arXiv e-prints, 2023: 2303-6555.

[47] HUO Y, ZHANG M, LIU G, et al. WenLan: Bridging Vision and Language by Large-Scale Multi-Modal Pre-training[J]. arXiv e-prints, 2021: 2103-6561.

[48] PRATAP V, TJANDRA A, SHI B, et al. Scaling Speech Technology to 1,000+ Languages[J]. arXiv e-prints, 2023: 2305-13516.

[49] RADFORD A, KIM J W, XU T, et al. Robust Speech Recognition via Large-Scale Weak Supervision[J]. arXiv e-prints, 2022: 2212-4356.

[50] HUANG R, LI M, YANG D, et al. AudioGPT: Understanding and Generating Speech, Music, Sound, and Talking Head[J]. arXiv e-prints, 2023: 2304-12995.

[51] MOON S, MADOTTO A, LIN Z, et al. AnyMAL: An Efficient and Scalable Any-Modality Augmented Language Model[J]. arXiv e-prints, 2023: 2309-16058.

[52] GIRDHAR R, EL-NOUBY A, LIU Z, et al. ImageBind: One Embedding Space to Bind Them all[J]. arXiv e-prints, 2023: 2305-5665.

[53] XU C, SUN Q, ZHENG K, et al. WizardLM: Empowering Large Language Models to Follow Complex Instructions[J]. arXiv e-prints, 2023: 2304-12244.

[54] KÖPF A, KILCHER Y, RUTTE D, et al. OpenAssistant Conversations--Democratizing Large Language Model Alignment[J]. arXiv e-prints, 2023: 2304-7327.

[55] BAI Y, JONES A, NDOUSSE K, et al. Training a Helpful and Harmless Assistant with Reinforcement Learning from Human Feedback[J]. arXiv e-prints, 2022: 2204-5862.

[56] XI Z, CHEN W, GUO X, et al. The Rise and Potential of Large Language Model Based Agents: A Survey[J]. arXiv e-prints, 2023: 2309-7864.

[57] TURING A M. Computing Machinery and Intelligence[M]//EPSTEIN R, ROBERTS G, BEBER G. Parsing the Turing Test: Philosophical and Methodological Issues in the Quest for the Thinking Computer. Dordrecht: Springer Netherlands, 2009: 23-65.

[58] DRIESS D, XIA F, SAJJADI M S M, et al. PaLM-E: An Embodied Multimodal Language Model[J]. arXiv

e-prints, 2023: 2303-3378.

[59] VEMPRALA S, BONATTI R, BUCKER A, et al. ChatGPT for Robotics: Design Principles and Model Abilities[J]. arXiv e-prints, 2023: 2306-17582.

[60] HUANG W, WANG C, ZHANG R, et al. VoxPoser: Composable 3D Value Maps for Robotic Manipulation with Language Models[J]. arXiv e-prints, 2023: 2307-5973.

[61] PADALKAR A, POOLEY A, JAIN A, et al. Open X-Embodiment: Robotic Learning Datasets and RT-X Models[J]. arXiv e-prints, 2023: 2310-8864.

[62] WANG Y, KORDI Y, MISHRA S, et al. Self-Instruct: Aligning Language Model with Self Generated Instructions [J]. arXiv e-prints, 2022: 2212-10560.

[63] SENNRICH R, HADDOW B, BIRCH A. Neural Machine Translation of Rare Words with Subword Units[J]. arXiv e-prints, 2015: 1508-7909.

[64] SCHUSTER M, NAKAJIMA K. Japanese and Korean Voice Search[J]. 2012 IEEE International Conference on Acoustics, Speech and Signal Processing (ICASSP), 2012: 5149-5152.

[65] SANH, VICTOR, DEBUT L, et al. DistilBERT, a Distilled Version of BERT: Smaller, Faster, Cheaper and Lighter[J]. arXiv e-prints, 2019: 1910-1108.

[66] KUDO T. Subword Regularization: Improving Neural Network Translation Models with Multiple Subword Candidates[J]. arXiv e-prints, 2018: 1804-10959.

[67] RADFORD A, KIM J W, HALLACY C, et al. Learning Transferable Visual Models from Natural Language Supervision[J]. arXiv e-prints, 2021: 2103-00020.

[68] HE K, FAN H, WU Y, et al. Momentum Contrast for Unsupervised Visual Representation Learning[J]. arXiv e-prints, 2019: 1911-5722.

[69] CHEN T, KORNBLITH S, NOROUZI M, et al. A Simple Framework for Contrastive Learning of Visual Representations[J]. arXiv e-prints, 2020: 2002-5709.

[70] SCHUHMANN C, BEAUMONT R, VENCU R, et al. LAION-5B: An Open Large-Scale Dataset for Training Next Generation Image-Text Models[J]. arXiv e-prints, 2022: 2210- 8402.

[71] CHILD R, GRAY S, RADFORD A, et al. Generating Long Sequences with Sparse Transformers[J]. arXiv e-prints, 2019: 1904-10509.

[72] DOSOVITSKIY A, BEYER L, KOLESNIKOV A, et al. An Image Is Worth 16x16 Words: Transformers for Image Recognition at Scale[J]. arXiv e-prints, 2020: 2010-11929.

[73] KIM W, SON B, KIM I. ViLT: Vision-and-Language Transformer without Convolution or Region Supervision[J]. arXiv e-prints, 2021: 2102-3334.

[74] LI J, SELVARAJU R R, GOTMARE A D, et al. Align before Fuse: Vision and Language Representation Learning with Momentum Distillation[J]. arXiv e-prints, 2021: 2107-7651.

[75] BAO H, WANG W, DONG L, et al. VLMo: Unified Vision-Language Pre-training with Mixture-of-Modality-Experts[J]. arXiv e-prints, 2021: 2111-2358.

[76] LI J, LI D, XIONG C, et al. BLIP: Bootstrapping Language-Image Pre-training for Unified Vision-Language Understanding and Generation[J]. arXiv e-prints, 2022: 2201-12086.

[77] LI J, LI D, SAVARESE S, et al. BLIP-2: Bootstrapping Language-Image Pre-training with Frozen Image

Encoders and Large Language Models[J]. arXiv e-prints, 2023: 2301-12597.

[78] LIU H, LI C, WU Q, et al. Visual Instruction Tuning[J]. arXiv e-prints, 2023: 2304-8485.

[79] GAO P, HAN J, ZHANG R, et al. LLaMA-Adapter v2: Parameter-Efficient Visual Instruction Model[J]. arXiv e-prints, 2023: 2304-15010.

[80] ZHU D, CHEN J, SHEN X, et al. MiniGPT-4: Enhancing Vision-Language Understanding with Advanced Large Language Models[J]. arXiv e-prints, 2023: 2304-10592.

[81] QIU X, SUN T, XU Y, et al. Pre-trained Models for Natural Language Processing: A Survey[J]. Science in China E: Technological Sciences, 2020,63(10): 1872-1897.

[82] KAPLAN J, MCCANDLISH S, HENIGHAN T, et al. Scaling Laws for Neural Language Models[J]. arXiv e-prints, 2020: 2001-8361.

[83] MICIKEVICIUS P, NARANG S, ALBEN J, et al. Mixed Precision Training[J]. arXiv e-prints, 2017: 1710-3740.

[84] HOULSBY N, GIURGIU A, JASTRZEBSKI S, et al. Parameter-Efficient Transfer Learning for NLP[J]. arXiv e-prints, 2019: 1902-0751.

[85] LI X L, LIANG P. Prefix-tuning: Optimizing Continuous Prompts for Generation[J]. arXiv e-prints, 2021: 2101-2190.

[86] LESTER B, AL-RFOU R, CONSTANT N. The Power of Scale for Parameter-Efficient Prompt Tuning[J]. arXiv e-prints, 2021: 2104-8691.

[87] LIU X, ZHENG Y, DU Z, et al. GPT Understands, Too[C]. arXiv e-prints, 2021: 2103- 10385.

[88] LIU X, JI K, FU Y, et al. P-Tuning v2: Prompt Tuning Can Be Comparable to Fine-tuning Universally Across Scales and Tasks[J]. arXiv e-prints, 2021: 2110-7602.

[89] HU E J, SHEN Y, WALLIS P, et al. LoRA: Low-Rank Adaptation of Large Language Models[J]. arXiv e-prints, 2021: 2106-9685.

[90] DETTMERS T, PAGNONI A, HOLTZMAN A, et al. QLoRA: Efficient Fine-tuning of Quantized LLMs[J]. arXiv e-prints, 2023: 2305-14314.

[91] LIU H, TAM D, MUQEETH M, et al. Few-Shot Parameter-Efficient Fine-tuning Is Better and Cheaper than In-Context Learning[J]. arXiv e-prints, 2022: 2205-5638.

[92] ZHANG Q, CHEN M, BUKHARIN A, et al. Adaptive Budget Allocation for Parameter-Efficient Fine-tuning[J]. arXiv e-prints, 2023: 2303-10512.

[93] BUCILUA C, CARUANA R, NICULESCU-MIZIL A. Model Compression: KDD '06[C], New York, NY, USA, 2006.

[94] HINTON G, VINYALS O, DEAN J. Distilling the Knowledge in a Neural Network[J]. arXiv e-prints, 2015: 1503-2531.

[95] GOU J, YU B, MAYBANK S J, et al. Knowledge Distillation: A Survey[J]. arXiv e-prints, 2020: 2006-5525.

[96] ROMERO A, BALLAS N, KAHOU S E, et al. FitNets: Hints for Thin Deep Nets[J]. arXiv e-prints, 2014: 1412-6550.

[97] HAN S, POOL J, TRAN J, et al. Learning both Weights and Connections for Efficient Neural Networks[J]. arXiv e-prints, 2015: 1506-2626.

[98] HU H, PENG R, TAI Y W, et al. Network Trimming: A Data-Driven Neuron Pruning Approach Towards Efficient Deep Architectures[J]. arXiv e-prints, 2016: 1607-3250.

[99] SHAZEER N, MIRHOSEINI A, MAZIARZ K, et al. Outrageously Large Neural Networks: The Sparsely-Gated Mixture-of-Experts Layer[J]. arXiv e-prints, 2017: 1701-6538.

[100] FEDUS W, ZOPH B, SHAZEER N. Switch Transformers: Scaling to Trillion Parameter Models with Simple and Efficient Sparsity[J]. arXiv e-prints, 2021: 2101-3961.